普通高等学校"十四五"规划
设计类专业新形态教材

U0641585

室内设计基础

INTERIOR DESIGN BASIS

倪晓静 范晶晶 主编　　　尹传垠 主审

华中科技大学出版社
http://www.hustp.com
中国·武汉

内 容 提 要

本书共分为九个章节：室内设计的概念与认识；室内设计的构思与创意；室内空间的设计；室内空间的界面；室内设计中的色彩；室内光环境设计；人性化室内设计；室内家具与软装陈设；室内设计作品赏析。每个章节都安排了针对本章节内容的课后思考，部分重点章节还加入了课堂实训环节，重视应用式学习，突出工作导向教学。

图书在版编目（ＣＩＰ）数据

室内设计基础 / 倪晓静，范晶晶主编 . — 武汉：华中科技大学出版社，2021.7（2024.8 重印）
ISBN 978-7-5680-7104-8
Ⅰ.①室… Ⅱ.①倪… ②范… Ⅲ.①室内装饰设计 - 高等学校 - 教材 Ⅳ.① TU238.2
中国版本图书馆 CIP 数据核字 (2021) 第 137484 号

室内设计基础
Shinei Sheji Jichu

倪晓静 范晶晶 主编

策划编辑：王一洁

责任编辑：周怡露

装帧设计：金　金

责任校对：曾　婷

责任监印：朱　玢

出版发行：华中科技大学出版社（中国•武汉）　　电　　话：（027）81321913
　　　　　武汉市东湖新技术开发区华工科技园　　邮　　编：430223

录　　排：天津清格印象文化传播有限公司

印　　刷：武汉科源印刷设计有限公司

开　　本：889mm×1194mm　1/16

印　　张：11

字　　数：347 千字

版　　次：2024 年 8 月第 1 版第 4 次印刷

定　　价：59.80 元

　　室内设计是空间艺术和环境艺术相结合的学科。室内设计基础是环境设计专业在室内设计方向的核心课程,该课程的教学目的,一方面是让学生了解室内设计发展的历史和风格,掌握室内空间、装饰设计的一般规律和设计方法;另一方面是培养学生综合运用室内设计的相关理论去独立分析、解决实际问题的能力,为学生今后走上工作岗位打下良好基础。

　　本书为武汉设计工程学院校级优质课程建设项目成果(项目编号:2017YK106)。本书围绕课程标准搭建框架、组织内容,包含完整的教学内容和实践项目任务,包含教学目标、课前思考、课后思考、拓展训练等环节,配合电子资源,支持线上教学或线上线下混合教学。

　　本书共分为九个章节:室内设计的概念与认识、室内设计的构思与创意、室内空间的设计、室内空间的界面、室内设计中的色彩、室内光环境设计、人性化室内设计、室内家具与软装陈设、室内设计作品赏析。每个章节都安排了针对本章内容的课后思考,部分重点章节还加入了课堂实训环节,重视应用式学习,突出工作导向教学。

　　本书由武汉设计工程学院倪晓静、武汉工程科技学院范晶晶担任主编,湖北经济学院刘斌、湖北美术学院IFA时尚艺术中心罗凌担任副主编,武汉设计工程学院牛琳、贺睿、江帆鸿担任参编。具体编写分工为:第2章、第3章、第4章及第6章由倪晓静、刘斌编写;第8章、第9章及第5章的案例图片部分由范晶晶、罗凌编写;第1章、第5章的文字部分由牛琳、贺睿编写;第7章由江帆鸿编写;武汉设计工程学院及武汉工程科技学院的相关学生也为本书提供了部分优秀作品案例。本书由湖北美术学院环境艺术设计系尹传垠教授担任主审。本书在编写的过程中参考了许多资料,未能一一列出,望各位原著者谅解,在此一并致谢。

　　由于编写时间仓促及编者水平有限,不足之处恳请各位专家及读者指正。

编　者

2021 年 2 月

本书中各环节学习方法指南

本章学习目的
及重难点

教学目标

掌握室内设计的概念；掌握室内设计的分类；了解室内设计的发展简史，每个发展阶段室内设计的特征及其对现代室内设计的影响；了解室内设计的行业要求及发展趋势；对室内设计有基本的认识和了解。

课前预习内容

课前思考

人们的生活离不开环境，居住空间也是生活环境的一部分。一个好的室内设计应该与其所处环境构成一个完整的和谐空间。根据勒·柯布西耶的萨伏伊别墅（图1-1、图1-2）体会室内设计与所处环境的和谐关系。

图1-1 萨伏伊别墅建筑外观

视频或图纸文件，可扫描二维码观看或下载

将汉画像拓片通过图片叠加形成动画

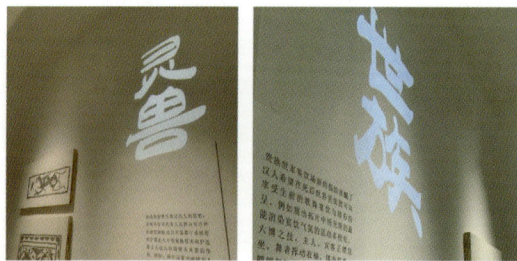

经典案例介绍

图1-24 武汉东湖杉美术馆"拓·寻"展示空间设计中科技手段的应用

东湖杉美术馆"拓·寻"主题展览共展示47件汉画像石拓片，及湖北省博物馆馆藏汉画像砖，并植入新媒体技术向观众呈现汉画像石拓片艺术。

章节中容易忽视的学习重点

特别提示

作为设计师，只有把握时代的脉搏，掌握室内设计的时尚潮流和未来发展趋势，才能设计出优秀的作品。我们从师法古人到师法自然，要通过不同角度、不同层次学习，提取精华，并以现代的设计视角把握室内设计的时代特征。

设计师梁志天谈设计

设计师青山周平谈设计

推荐读者自行
查阅的资料

◎ **室内设计师必看展会推荐**

- 中国上海中国国际家具博览会、摩登上海时尚家居展
举办地点：上海浦东新国际博览中心　展会周期：一年一届
- 美国高点国际家具博览会
举办地点：美国高点家居会展中心　展会周期：一年两届
- 美国拉斯维加斯国际家具展
举办地点：美国拉斯维加斯展览中心　展会周期：一年两届
- 日本东京国际家具及装饰展
举办地点：东京 AOMI 展览馆　展会周期：一年两届
- 澳大利亚墨尔本国际家具及家居饰品展
举办地点：澳大利亚墨尔本会展中心　展会周期：一年一届
- 法国巴黎时尚家居设计展
举办地点：巴黎北郊维勒班展览中心　展会周期：一年两届
- 加拿大多伦多国际家具展览会
举办地点：多伦多会议中心　展会周期：一年一届
- 英国伦敦设计博览会
举办地点：伦敦市区　展会周期：一年一届
- 英国伦敦百分百设计展
举办地点：伦敦市区　展会周期：一年一届

- 德国法兰克福国际灯光照明及建筑物技术与设备展
举办地点：法兰克福国际展览中心　展会周期：两年一届
- 德国法兰克福国际家纺展
举办地点：法兰克福展览中心　展会周期：一年一届
- 德国科隆国际办公家具及管理设施展览会
举办地点：科隆国际会展中心　展会周期：两年一届
- 德国科隆国际家具博览会
举办地点：科隆国际博览中心　展会周期：一年一届
- 瑞典斯德哥尔摩家具与灯饰设计展览会
举办地点：斯德哥尔摩国际会展中心　展会周期：一年一届
- 瑞典斯德哥尔摩设计周
举办地点：斯德哥尔摩市区　展会周期：一年一届
- 瑞士巴塞尔艺术博览会
举办地点：瑞士巴塞尔展览中心　展会周期：一年一届
- 意大利博洛尼亚陶瓷卫浴展
举办地点：意大利博洛尼亚展览中心　展会周期：一年一届

课堂中的实训、
实践内容

课堂实训

　　该案例为一个多层建筑的三个楼层，需要乘坐电梯才能到达。平面图给出的楼梯为紧急逃生出口。要求为这三个楼层划分出三个或四个不同尺寸的用户空间。请对每一层楼进行分析，并设计不同的空间规划方案。在空间中还需要设计一条公共走廊，以连接每个用户空间以及逃生出口（图 7-12）。

　　任务要求如下。

① 每个空间出入口的数量都需要满足规定。

② 当一个空间需要设置多扇门的时候，这些门的设计要求应满足规定。

③ 合理利用楼层空间。

④ 避免出现无出路的走廊。

⑤ 避免出现不合理的走廊形状。

⑥ 避免将位于电梯间外或旁边的大厅空间设置得过大。

⑦ 主逃生门应该向着移动方向开合。

课后回顾和思
考的内容

课后思考

（1）阐述你对色彩的认识，以及你最喜欢的室内设计色彩搭配。

（2）在一个红色或蓝色的空间中，人会有怎样的感受？

（3）黄色具有什么特点？多运用于什么空间？

蓝色空间与红色空间对人的不同影响实验

课后选择布置的
的实践内容

拓展训练

◎ **室内色彩设计**

1. 任务分析

　　室内色彩、三大界面及家具陈设等元素紧密联系在一起，是室内环境的主要体现。舒适的色彩环境是业主和设计师共同追求的目标。室内色彩设计拓展训练使学生更好地掌握和运用色彩，对空间色彩进行大胆尝试和创新。

2. 任务概述

　　利用春、夏、秋、冬四个季节进行某空间的色彩训练。

3. 任务要求

　　首先对某空间进行调研、分析、定位，然后对空间色彩进行色彩构图草稿设计，经过推敲，最后完成色彩设计成稿。要求在 A3 纸上绘制，附不少于 300 字的设计说明。

目录

| 05

室内设计中的色彩

| 06

室内光环境设计

07

人性化室内设计

08

室内家具与软装陈设

09

室内设计作品赏析

01

室内设计的
概念与认识

掌握室内设计的概念；掌握室内设计的分类；了解室内设计的发展简史，每个发展阶段室内设计的特征及其对现代室内设计的影响；了解室内设计的行业要求及发展趋势；对室内设计有基本的认识和了解。

人们的生活离不开环境，居住空间也是生活环境的一部分。一个好的室内设计应该与其所处环境构成一个完整的和谐空间。根据勒·柯布西耶的萨伏伊别墅（图1-1、图1-2）体会室内设计与所处环境的和谐关系。

图1-1　萨伏伊别墅建筑外观

图1-2　萨伏伊别墅建筑内部

萨伏伊别墅（The Villa Savoye），由勒·柯布西耶于1928年设计，1930年建成，位于法国巴黎近郊的普瓦西，是现代主义建筑的代表之一。萨伏伊别墅为钢筋混凝土结构，长约21.5 m，宽为19 m，共3层。其外墙平整，整体呈白色，墙中有长横窗；在第二次世界大战后被列为法国文物保护单位。

1.1 室内设计的概念

　　室内是指建筑的内部空间。组成室内的实质是空间而非建筑，也就是说室内的本质是空的，需要我们考虑和设计的就是空间（图1-3）。

　　室内空间的活动主体是人，所以室内设计是"以人为本"的空间设计。现代室内设计为了满足人们的各种行为需求，运用一定的物质技术手段与艺术手段，根据空间的使用性质和所处环境，对建筑的内部空间进行规划和组织，从而创造出满足使用者物质功能需要与精神功能需要的安全、卫生、舒适、优美的建筑内部环境。

　　室内设计是环境艺术设计的一部分。室内设计不是孤立的艺术，与之联系最紧密的当数建筑设计。建筑设计是室内设计的基础，而室内设计是建筑设计的继续和深化。室内设计的重要特点是它的空间性。它不像建筑设计及一般几何造型那样以实体构成为主要目的，而是在建筑限定的空间内再进行分割，进一步完善和丰富建筑设计的空间和层次。所以，如果在建筑设计阶段，室内设计师就与建筑设计师进行合作，将有利于室内设计师创造出更理想的室内空间。

　　室内设计也是建筑设计的组成部分。图1-4中的室内设计案例是建筑设计师扎哈·哈迪德的作品，在这个室内空间中我们强烈地感受到了所有墙面、顶面及家具与建筑的融合。人的一生绝大部分时间是在室内度过的，因此人设计创造的室内环境必然会直接关系到室内生活、生产活动的质量，关系到人们的安全、健康、工作效率、舒适度等。人们对室内环境除了有使用功能、冷暖光照等物质要求之外，还常有与建筑物的类型、特色相适应的室内环境氛围和风格文脉等精神功能方面的要求，因此我们又可以理解室内设计是一种综合的设计形式。随着社会发展，室内设计总是具有

图1-3　建筑内部空间

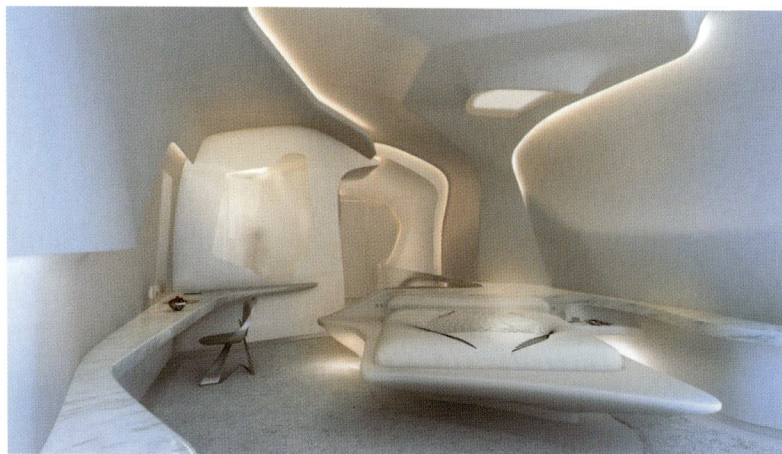

图1-4　扎哈·哈迪德：迪拜ME酒店Opus办公楼室内设计

时代的印记，这是由于室内设计从设计构思、施工工艺、装饰材料到内部设计，必然和社会当时的物质生产水平、社会文化和精神生活状况联系在一起。因此室内设计本身也是一项不断更新和调整的工作，而在更新和调整的过程中我们也需要不断了解社会发展、材料工艺等交叉学科。

1.2 室内设计的分类

室内设计涉及的内容非常广泛，了解和掌握它的分类有利于我们有针对性地开展工作。室内设计分类的依据不同，划分种类也不同。

如果我们将室内设计的交叉学科与室内设计的内容结合起来，室内设计的内容具体划分为室内形象设计、室内装修设计、室内物理环境设计、室内陈设艺术设计等。

由于设计内容较复杂，室内设计的工作相应的岗位划分如下。

室内建筑师：以空间设计为中心，负责室内所有部分的统一设计。

室内产品设计师：设计室内家居产品及构成物等（图1-5）。

图1-5 室内设计中的陈设设计

室内装饰师：重视装饰立场，以促进艺术共生与共荣。

室内设计是根据建筑物的使用性质、所处环境和相应标准，运用物质技术手段和建筑美学原理，创造功能合理、舒适优美、满足人们物质和精神生活需要的室内环境。因此室内设计的分类与设计内容密不可分，同时与建筑的分类也是一致的。按照建筑的使用性质来分类，室内空间设计主要可以分为两大类：私人空间设计与公共空间设计。其中私人空间设计我们也称为居住空间室内设计。下面主要按照这两大类对室内设计进行具体介绍。

1.2.1　居住空间室内设计

居住空间是人们生活的重要空间，体现了人们个性化的生活理念。创造一个科学、舒适的居住环境，将有利于提高人们的生活质量（图1-6）。

居住建筑包括以下几种类型。

1. 单元式住宅

单元式住宅又称为梯间式住宅，是以一个楼梯为几户服务的单元组合体，住户由楼梯平台直接进入分户门，每个楼梯的控制面积就称为一个居住单元。

2. 公寓式住宅

公寓式住宅是相对独院独户的西式别墅住宅而言的。公寓式住宅一般建在大城市，大多数是高层大楼，标准较高，每一层有若干单户使用的套房，包括卧室、起居室、客厅、浴室、厕所、厨房、阳台等。还有一部分公寓式住宅附设于旅馆酒店内，供往来的客商及其家眷中短期租用。

3. 别墅式住宅

别墅式住宅一般都是带有花园、草坪和车库的独院式平房或二三层小楼，建筑密度很低，内部居住功能完备，装修豪华并富有变化，住宅内水、电、暖供给一应俱全，户外道路、通信、购物、绿化也有较高的标准。

图1-6　居住空间室内设计

1.2.2 公共空间室内设计

公共建筑为人们提供公共生活空间进行各种社会活动。公共空间在建造中需要保证公众使用的安全性、合理性和社会管理的标准化。它除了要保证满足技术条件外，还必须严格地遵循一些标准、规范与限制。公共建筑包括商业建筑、旅游建筑、办公建筑、医疗建筑、观演建筑、文教建筑、体育建筑、展览建筑、交通建筑和科研建筑等。

1. 商业建筑

商业建筑是城市公共建筑中量最大、面最广的建筑，并且广泛涉及居民的日常生活，是反映城市物质经济生活和精神文化风貌的窗口（图1-7）。它的室内空间环境的设计以激发消费者购物欲望和方便购物为原则，具有良好的声、光、热、通风等物理环境和得当的视觉指示引导。商业建筑包括商店、自选商场、超市、综合型购物中心等。

2. 旅游建筑

旅游建筑具有环境优美、交通方便、服务周到、风格独特等特点。在设计上应具备现代化设施，并能反映民族特色、地方风格和浓郁的乡土气息，使游客在旅游过程中不仅能有舒适的生活，还可以了解地方特色，丰富旅游生活。旅游建筑包括酒店、饭店、宾馆、度假村等。

3. 办公建筑

办公建筑是现代都市中最富设计特色和科技含量的代表性建筑。办公建筑室内各类用房的布局、面积比、综合功能以及安全疏散等方面的设计都应当根据办公楼的使用性质、建筑规模和相应标准来确定。办公建筑更趋向于重视人及人际活动在办公空间中的舒适感及和谐氛围。而现代办公方式的出现也促使办公建筑新设计的形成。办公建筑主要指各种办公大楼，如机关和企事业单位办公楼等。

4. 医疗建筑

满足医疗功能和先进医疗设备技术的要求，以人为本，营造患者及医护人员治疗、享受的生活环境，是医疗建筑设计的重点。这不仅是对患者心理上的满足，同时还树立了很好的形象。医疗建筑主要有医院、门诊部、疗养院等（图1-8）。

5. 观演建筑

观演建筑是为人们提供文化娱乐的重要场所，其中包括电影院、剧场、杂技场、音乐厅等。此类建筑的设计应具有良好的视听条件，能够创造高雅的艺术氛围，并且建立舒适、安全的空间环境。

图1-7 大型综合商业体建筑中庭设计

图1-8 珀斯儿童医院建筑中庭设计

6. 文教建筑

文教建筑是教育场所，这类建筑要体现其文化特点。在满足教育功能的同时，需进一步注重育人环境的营造，针对不同年龄段的人群，创造不同层次的育人环境。在设计中以不同的建筑布局、空间组织、色彩运用等建筑手法，融安全性、教育性、艺术性为一体，体现出人文精神、时代特点和独特风格。文教建筑包括幼儿园、学校、图书馆等。

7. 体育建筑

随着社会、经济的发展和人民生活水平及生活质量的提高，人们对健身、休闲提出了更高的要求，体育设施进入了一个新的建设高潮。体育建筑的设计应根据其类别、等级、规模、用途和使用特点，重点把握以下几个方面：标识引导系统，安全性控制标准化系统，色彩系统，照明系统，视线控制，装饰的持久性，无障碍设计及商业运营。同时应确保建筑使用功能、安全、卫生、技术等方面的达标。体育建筑包括各类体育场馆、健身房等。

8. 展览建筑

展览建筑是一个国家经济发展水平、社会文明程度的重要标志，承载着人们对城市和历史的记忆。在深入研究展览建筑的文化性、艺术性以及功能要求的基础上，还要考虑建筑形态与周边环境的融合。建筑空间布置合理，参观路线清晰，能很好地引导参观者的走向，充分利用了建筑自身特点来最大限度地满足展览馆的功能要求和参观者的使用要求。展览建筑包括美术馆、展览馆、博物馆等（图1-9）。

9. 交通建筑

交通建筑的设计应遵循简捷、健康、安全、环保的原则。车站入口、通道、站厅、站台、地铁站空间的组织布局，都应该简洁、明确，方便旅客识别。室内空间组织、界面处理和设施配置等方面，也应有利于人们的身心健康。交通建筑是人员密集的公共场所，包括车站、候机楼、码头等。

10. 科研建筑

科研建筑的设计既要满足使用者对建筑空间的功能需求，也要考虑使用者的精神需求。因为宜人的建筑空间设计对于改善科研人员的工作状态，激发科研人员的灵感有着积极的作用。科研建筑包括研究所、科学实验楼等。

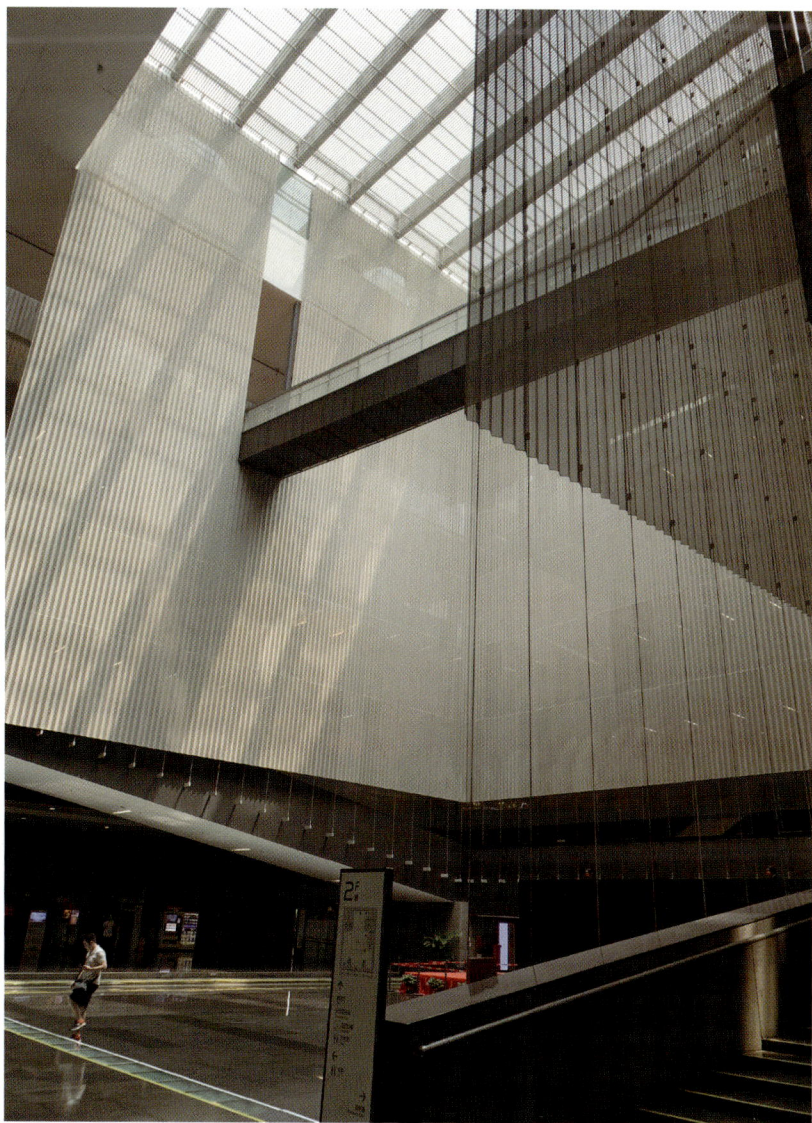

图1-9　广东省博物馆中庭设计

室内设计的发展历程

室内设计是一门新兴的学科，但是早在原始社会，人们就已经开始有意识地对居住空间进行合理规划及装饰，以营造温馨舒适的室内氛围。室内设计的发展与建筑的发展有着密切的联系。

1.3.1　中国古代室内设计的发展

中国原始社会的西安半坡人的居住空间已经有了科学的功能划分，且对装饰有了最初的运用。根据西安半坡遗址（图1-10）资料显示，原始人已经意识到分隔居住空间和装饰美化的重要性。

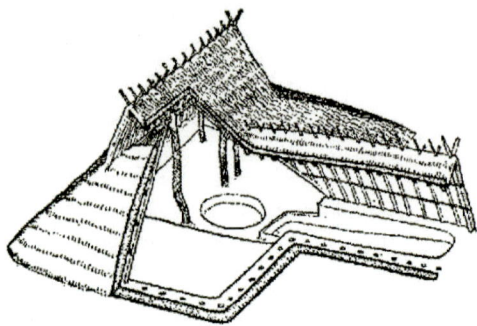

图1-10　方形穴居复原图

夏商周时期的宫殿建筑比较突出。建筑空间秩序井然，严谨规整，宫室里装饰着朱彩木料、雕饰白石等。春秋战国时期，砖瓦及木结构装修上有新发展，出现了专门用于铺地的花纹砖。春秋时期思想家老子的《道德经》中提出"凿户牖以为室，当其无，有室之用，故有之以为利，无之以为用"的哲学思想，揭示了室内设计中"有"与"无"之间互相依存、不可分割的关系。秦汉时期，中国封建社会的发展达到了第一次高峰，建筑规模体现出宏大的气势，壁画在此时已成为室内装修的一部分。而丝织品以帷幔、帘幕的形式参与空间的分隔与遮蔽，增加了室内环境的装饰性。此时，家具也丰富起来，有床榻、几案、茵席、箱柜、屏风等几大类。隋唐时期是我国封建史上的第二个高峰，室内设计开始进入以家具为设计中心的陈设装饰阶段，家具形式表现了当时的人们普遍采用垂足坐的习惯。建筑结构和装饰结合完美，风格沉稳大方，色彩丰富，装修精美，体现出一种厚实的艺术风格（图1-11）。

敦煌盛唐壁画是唐代文化的一个重要组成部分。从多角度来考察敦煌盛唐壁画的意义，就会发现，它除了宗教属性，还有更为重要的历史属性和社会属性。它保存了如此丰富的、用绚丽的色彩和流畅的笔墨绘成的历史画廊，记录了以敦煌为中心的在大西北活动的人物，反映了他们的信仰与感情，刻画了那个时代人民群众的幻想与生活。从文化分类的角度来看，它是艺术史的重要组成部分，从文化史的总体高度来看，它又是历史的形象。它用造型手段描写了历史，反映了历史，和大量的同一时期的文、史、诗、赋、俗文一样，同属重要的文化成果。正因为有了全国各地同一时期的佛教艺术与敦煌壁画，使我们的盛唐文化遗产不但有丰富的典籍，精深的哲理，铿锵的音律，优美的诗情，而且还有生动的形象、灿烂的色彩，为这一时期的文化史保留了一个较为完整的面貌。

来源：文章摘编自史苇湘著《敦煌历史与莫高窟艺术研究》，部分有改动。

图1-11　敦煌盛唐壁画中描绘的当时的室内设计

宋朝是文人的时代，当时的室内设计气质秀雅，装饰风格简练、生动、严谨、秀丽。明清时期封建社会进入最后的辉煌时期，建筑和室内设计发展达到了新的高峰。室内空间具有明确的指向性，根据使用对象的不同而具有一定的等级差别。室内陈设更加丰富和艺术化，室内隔断形式在空间中起到重要的作用。这个时期的家具工艺也有了很大发展，成为室内设计的重要组成部分（图1-12）。

家居生活很早就步入了秩序化、规范化的阶段，室内空间的布置一律严格遵循长幼有序、尊卑有别的原则。同时，由于古人崇尚的最高美学追求是"神韵"，因而在布置室内空间的时候，他们在悬挂字画、选用器皿、确定房间色彩等方面下足了功夫，使得室内空间在总体上呈现出典雅、古朴的美学特征。虽然各个时代的具体形式不同，但严谨的整体布局和古雅的审美情趣却从未变过。

图 1-12　明清江南民居——周庄沈厅室内设计

1.3.2　西方古代室内设计的发展

在西方，各民族间的文化入侵和毁灭现象经常发生，使得西方文化失去了延续性，因而不同时期的艺术会呈现出迥然不同的风格和倾向。建筑风格的变化是各个时期文化潮流的集中体现，室内设计则敏感地反映着这些时代潮流。

古希腊是整个西方文明的摇篮，典型的建筑是神庙，单纯、典雅、和谐构成了希腊古典风格。多立克、爱奥尼克、科林斯是希腊风格的典型柱式，柱式作为典范也成为西方古典建筑的基本组成部分。如古希腊帕提农神庙(图1-13)整体特征为端庄典雅、亲切开朗、讲究构图、施工精确、精雕细刻。古罗马人继承了古希腊人的建筑传统，并且发展为西方古代社会的一个顶峰。这个时期公共建筑大规模出现，装饰手法丰富多样，整体上呈现出强大帝国所具有的恢宏气势。

图 1-13　古希腊帕提农神庙

哥特建筑在艺术上表现为有尖拱、拱肋和飞扶壁的体系，构图具有强烈的垂直感。窗饰喜用彩色玻璃镶嵌，呈现出斑斓富丽、精巧迷幻的效果（图1-14）。

哥特风格体现了自然主义、浪漫主义的倾向。之后文艺复兴思潮引发了建筑方面的改革，文艺复兴中的理性精神同时也成为建筑乃至室内装饰的主导思想（图1-15）。这种精神不是为了复古，而是为了创新，这种风格也不是对古典形式的简单继承和模仿，而是展示一种"伟大的静穆与高贵的单纯"的古典美。

巴洛克建筑是于17—18世纪在意大利文艺复兴建筑基础上发展起来的。其风格特点是外形自由，追求动态，喜好富丽的装饰和雕刻，色彩强烈且用金色予以协调，常用穿插的曲面和椭圆形空间。在室内设计方面，巴洛克建筑将绘画、雕塑、工艺集中于装饰和陈设艺术上（图1-16）。洛可可样式是继巴洛克风格之后在欧洲发展起来的。洛可可样式轻快、华丽，室内装饰造型高耸纤细，不对称，多使用形态方向多变的漩涡形曲线、弧线，色彩充满柔媚的气息。室内装修风格优雅，制作工艺、结构、线条具有婉转、柔和等特点，以创造轻松、明朗、亲切的空间环境（图1-17）。

图 1-14　哥特式教堂

图 1-15　意大利文艺复兴的纪念碑——罗马圣彼得大教堂

图 1-16　圣彼得堡艾尔米塔什博物馆长廊

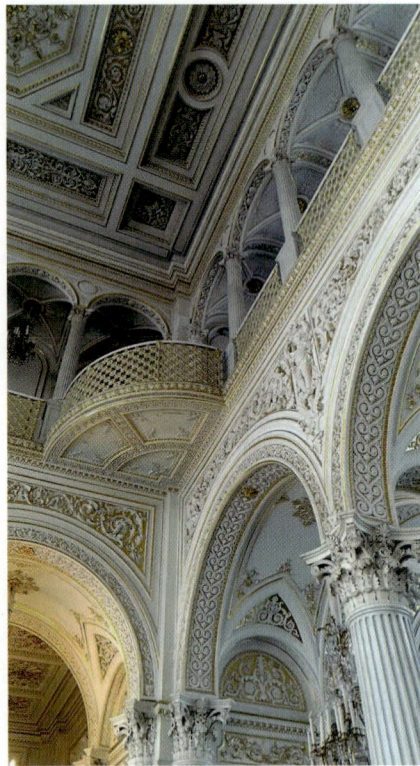

图 1-17　圣彼得堡艾尔米塔什博物馆内部

1.3.3　近现代室内设计的发展

　　人类社会已步入工业化社会和信息化社会，生产方式和社会结构的巨大变革对设计产生了巨大的影响。新技术、新材料、新建筑、新观念层出不穷，以现代主义及随后出现的后现代主义最为典型。现代主义起源于1919年成立的包豪斯学派，该学派提倡客观地对待现实世界，在创作中强调以认识活动为主，极力反对从古罗马到洛可可等一系列旧的传统样式，力求适应工业时代的精神，推进现代工艺技术和新型材料的运用。在建筑和室内设计方面，强调突破旧传统，提出与工业社会相适应的新观念，创造新建筑，重视功能和空间组织，注意发挥结构本身的形式美和简洁的造型，反对多余装饰，崇尚合理的构成工艺，尊重材料的性能，讲究材料的质地和色彩的配置效果。室内设计从而发展为以功能布局为依据的不对称的构图手法，材质上偏重使用金属、玻璃等新材料，加工精细，色彩单纯、沉稳、冷静。

包豪斯学派代表人物有沃尔特·格罗皮乌斯、勒·柯布西耶、密斯·凡·德·罗和弗兰克·劳埃德·赖特等。代表作品有沃尔特·格罗皮乌斯设计的包豪斯校舍（图1-18）、勒·柯布西耶设计的朗香教堂（图1-19）、密斯·凡·德·罗设计的范思沃斯别墅（图1-20、图1-21）、赖特设计的流水别墅（图1-22、图1-23）等。

图1-18　包豪斯校舍

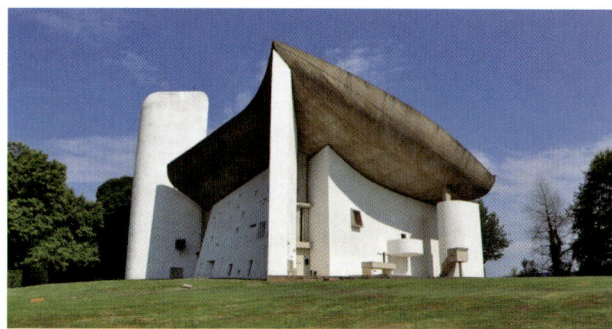

图1-19　朗香教堂

图1-20　范思沃斯别墅

图1-21　范思沃斯别墅室内

图1-22　流水别墅

图1-23　流水别墅室内

"BauHaus"这个词是由德语动词"bauen"（建造）和名词"haus"（建筑物）组合而成，粗略地理解为"为建筑而设的学校"，反映了其创建者心中的理念。

20 世纪后半叶至今，设计师们对在世界范围产生巨大影响的、完全脱离传统的现代主义进行了反思，人们开始追求各种各样的设计方式，其中后现代主义作为一种较为完整的设计体系在建筑设计领域产生了很大的影响。美国建筑师斯特恩提出后现代主义建筑有三个特征：采用装饰；具有象征性或隐喻性；与现有环境融合。从形式上讲，后现代主义是一股源自现代主义但又反叛现代主义的思潮，它与现代主义之间是一种既继承又反叛的关系。从内容上看，后现代风格强调建筑及室内装饰应具有历史的延续性，但又不拘泥于传统的逻辑思维方式，探索创新造型手法，讲究人情味，常在室内设置夸张、变形的柱式和断裂的拱券，或把古典构件的抽象形式以新的手法组合在一起，即采用非传统的混合、叠加、错位、裂变等手法和象征、隐喻等手段，以期创造一种融感性与理性、集传统与现代、糅大众与行家于一体的室内环境。

1.3.4　我国室内设计的现状

室内设计在中国是一个朝气蓬勃的新兴行业。改革开放前，人们并不重视室内设计。20 世纪 70 年代末到 80 年代初，随着我国改革开放政策的实行，经济快速增长，城市建设迅速发展，室内设计粗具规模。20 世纪 90 年代中期开始，室内设计思想得到了很大的解放，人们开始追求各种各样的设计方式，对室内空间的要求不再简简单单，而是提高了对居住环境的要求，开始对家具、设施、艺术品、灯具、绿化、采暖、通风等加以装饰。近年来，在经历思想与品位演变的艰辛历程之后，人们已经把情感和室内设计紧密地结合在一起，注重灵性空间的设计，在满足实际需要的同时，注重对美的追求，使人们在一定的空间里身心舒逸。进入 21 世纪后，随着高度信息化时代的到来，图形技术、仿真技术、多媒体技术、网络技术等方面得到了迅速发展，室内设计更呈现出多元性和复合性的特点（图1-24）。

我国室内设计现阶段还存在以下不足之处。

（1）部分从业者知识结构不健全。

（2）部分设计师缺乏创新精神。很多设计师只看重表层的形式，而不是深层次的精神，缺乏大胆的探索和创新。设计不应是简单的"抄袭"或不顾环境和建筑类型的"套用"。

（3）缺乏整体环境意识。总的来说，我国室内设计还属于发展阶段，对所设计的室内空间内外环境的特点以及建筑的使用功能、类型考虑不够。室内设计作为一门应用艺术，在不断吸取全新艺术气息的同时，也应紧随社会进步与时代发展，加强国内、国际行业交流，对"人—空间—环境"的关系进行科学化、艺术化的协调。针对不同的人、不同的使用对象，应考虑不同的要求，设计出集功能性和审美性于一体的和谐空间环境。

将汉画像拓片通过图片叠加
形成动画

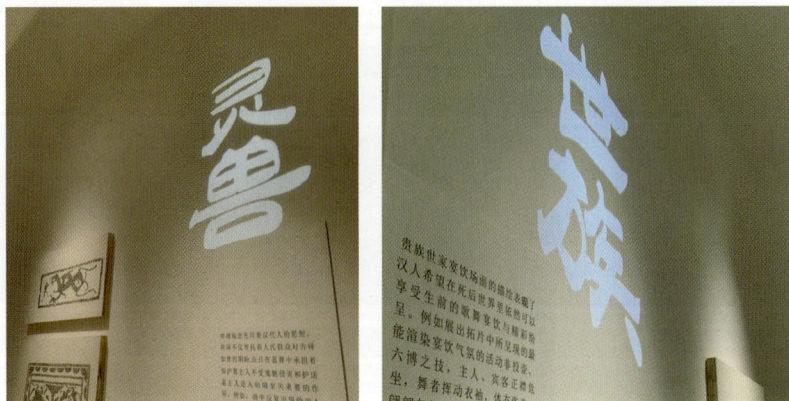

图1-24　武汉东湖杉美术馆"拓·寻"展示空间设计中科技手段的应用

东湖杉美术馆"拓·寻"主题展览共展示47件汉画像石拓片，及湖北省博物馆馆藏汉画像砖，并植入新媒体技术向观众呈现汉画像石拓片艺术。

1.4 室内设计师的社会责任与新要求

1.4.1 室内设计师的基本要求

室内设计师是运用物质技术和艺术手段，对建筑物及飞机、车、船等内部空间进行室内环境设计的专业人员。他们往往以个人或团队的方式进行工作，综合地解决空间的功能、形式、材料、结构构造以及声、光、热等技术层面的问题。

目前，我国室内设计师的专业认证考级制度已经起步，如由中国室内装饰协会组织实施的全国注册室内设计师考试，将其划分为四个等级，分别是助理室内设计师、室内设计师、高级室内设计师和资深室内设计师。对于设计师来说，能获得业主的信任和委托，除了具有较高的专业水平，设计师的文化修养等方面也是吸引业主的关键。

室内设计师必须具备以下知识和技能。

（1）专业知识。

室内设计师必须掌握与室内设计有关的专业理论知识，如中外建筑与室内设计史概况、室内设计的风格和流派、建筑与风水、艺术设计基础、环境艺术设计理论与设计方法、人体工程学、绘图基础知识、应用文写作基础、计算机辅助设计、相关法律法规知识等知识。

（2）创新能力。

丰富的想象力、创造力和前瞻性是必不可少的，这是室内设计师与工程师的一大区别。工程设计采用计算法或类比法，工作的性质主要是改进、完善而非创新。室内设计则非常讲究原创和独创性，设计的元素是变化无穷的线条和曲面，而不是严谨、烦琐的数据，"类比"出来的造型设计不可能是优秀的。

（3）造型能力与审美水平。

造型能力即绘画的水平，图画是设计师的语言，虽然现今已有其他能表达设计的方法（如计算机），但纸笔作画仍是最简单、直接、快速的方法。最重要的想象、推敲过程绝大部分都是通过简易的纸和笔来进行的。审美水平的高低决定设计水平的高低，也是室内设计师应具备的条件之一。

（4）设计表现技能。

设计表现技能包括模型制作与计算机设计软件的应用能力等，用计算机、模型可以将构思表达得更全面，因此较强的设计表现技能是室内设计师必需的。

（5）工作技巧。

工作技巧就是协调和沟通技巧。这里涉及管理的范畴，设计对整个产品形象、技术和生产都具有决定性的作用，所以善于协调、沟通才能保证设计的效率和效果。这是对室内设计师的一项附加要求。

（6）市场意识。

设计中必须考虑生产（成本）和市场（顾客的品位、文化背景、环境气候等）。脱离市场的设计成功率会降低。

（7）职责与遵守职业道德。

设计师应通过与客户的洽谈以及现场勘查，尽可能多地了解客户从事的职业、喜好，业主要求的使用功能和追求的风格等。

任何一个设计师不论置身何处，口碑是最重要的，良好的修养可以直接反映在作品上。要想得到客户的尊重，设计师应端正态度，在道德的约束下，提升艺术品位，学会以德服人。

1.4.2 室内设计师的基本职责

室内设计师的基本职责如下：

①分析客户的需求、目标、生活和安全要求；②提出初步的、合适的、符合实用功能和美学要求的设计概念；③通过适当的媒介开发并递交最终的设计建议；④对室内非承重结构部分的施工、室内的装饰材料、空间规划和家具设备及其他固定装置提供图纸和具体的规格要求；⑤根据规定要求，在机械、电气和承重结构设计等技术领域与提供专业服务的部门或人员合作；⑥充当客户的代理人，准备有关合同文件并具体负责招标事宜；⑦ 在施工过程中和施工完成后对设计方案进行修改并做出评估。

特别提示

作为设计师，只有把握时代的脉搏，掌握室内设计的时尚潮流和未来发展趋势，才能设计出优秀的作品。我们从师法古人到师法自然，要通过不同角度、不同层次学习，提取精华，并以现代的设计视角把握室内设计的时代特征。

设计师梁志天谈设计　　　设计师青山周平谈设计

◎**室内设计师必看展会推荐**

- 中国上海中国国际家具博览会、摩登上海时尚家居展
举办地点：上海浦东新国际博览中心　展会周期：一年一届
- 美国高点国际家具博览会
举办地点：美国高点家居会展中心　展会周期：一年两届
- 美国拉斯维加斯国际家具展
举办地点：美国拉斯维加斯展览中心　展会周期：一年两届
- 日本东京国际家具及装饰展
举办地点：东京 AOMI 展览馆　展会周期：一年两届
- 澳大利亚墨尔本国际家具及家居饰品展
举办地点：澳大利亚墨尔本会展中心　展会周期：一年一届
- 法国巴黎时尚家居设计展
举办地点：巴黎北郊维勒班展览中心　展会周期：一年两届
- 加拿大多伦多国际家具展览会
举办地点：多伦多会议中心　展会周期：一年一届
- 英国伦敦设计博览会
举办地点：伦敦市区　展会周期：一年一届
- 英国伦敦百分百设计展
举办地点：伦敦市区　展会周期：一年一届

- 德国法兰克福国际灯光照明及建筑物技术与设备展
举办地点：法兰克福国际展览中心　展会周期：两年一届
- 德国法兰克福国际家纺展
举办地点：法兰克福展览中心　展会周期：一年一届
- 德国科隆国际办公家具及管理设施展览会
举办地点：科隆国际会展中心　展会周期：两年一届
- 德国科隆国际家具博览会
举办地点：科隆国际博览中心　展会周期：一年一届
- 瑞典斯德哥尔摩家具与灯饰设计展览会
举办地点：斯德哥尔摩国际会展中心　展会周期：一年一届
- 瑞典斯德哥尔摩设计周
举办地点：斯德哥尔摩市区　展会周期：一年一届
- 瑞士巴塞尔艺术博览会
举办地点：瑞士巴塞尔展览中心　展会周期：一年一届
- 意大利博洛尼亚陶瓷卫浴展
举办地点：意大利博洛尼亚展览中心　展会周期：一年一届

（1）结合自己的理解简述室内设计的概念和分类。

（2）巴洛克风格和洛可可风格有什么不同？

（3）结合图 1-25 和图 1-26 分析室内设计的风格及其设计元素。

图 1-25　室内设计图一

图 1-26　室内设计图二

◎室内设计现状和发展趋势调研报告

1. 任务分析

在刚刚接触室内设计时，积极调动学生主动学习的热情是非常重要的。学生对室内设计的了解还不够透彻，所以第一个拓展训练就是让学生写一个调研报告，培养学生自主学习的能力、对资料的灵活运用的能力以及表达能力。

2. 任务概述

通过对室内设计现状和发展趋势两方面的调查和研究，从功能空间风格样式、装饰材料、色彩设计、灯光设计、施工构造等方面入手，了解室内设计的现状和前景。

3. 任务要求

（1）题名：简明贴切，能概括全文内容，不超过 20 字。

（2）正文：不少于 3000 字。要有真实性、针对性和前瞻性，并且有自己的观点和见解。杜绝抄袭和拼凑网上作品。

02

室内设计的
构思与创意

学习室内设计构思与创意，应掌握室内设计的思维方法和程序步骤，能够运用系统的设计思维对室内空间环境进行综合设计，根据理论概念抓住项目设计要点，发掘设计的切入点。

一个具体的工程设计方案，创意思维的建立，可以从创意构思的几个切入点开始，经过系统梳理、感性创新、理性选择之后逐渐地成熟，才能形成一个完整的方案。

试以教室空间为例，按照室内设计程序进行空间分析，独立搜集资料，进行室内创新设计。提示：参考现代教学中多媒体教学手段的运用（图 2-1）。

图 2-1　创维联合高校 8K 数娱直播与创产中心设计意向图

室内设计的思维方法及工作程序

2.1.1 室内设计的思维方法

室内设计是一门融合艺术与技术的综合性学科。单凭灵感和心血来潮，设计师难以完成复杂的设计任务，因此，室内设计师既要学习室内设计的专业理论和历史，又要了解室内设计涉及的众多边缘学科，如建筑艺术、哲学、人体工程学、环境心理学、环境物理、经济学等内容，掌握材料、结构以及人类的生理、心理等自然科学和社会科学方面的知识，熟悉与设计内容有关的规范和标准，以获得丰富的专业知识与技能、高品位的审美与艺术修养、丰富的思维能力、科学的分析能力、逻辑化的设计意识、明晰的设计表达能力，以保证设计的科学性与合理性。

1. 信息多元化

我们应该意识到，室内设计的概念与内涵是动态的、发展的，标准也在不断提高，不能用静止的、僵化的思想去对待和理解，应在实践中不断了解室内设计创作动向，利用新材料以及先进的科技设备，以获得持续的进步。

2. 综合系统化

当面对大量的信息要处理时，室内设计师应该先综合考虑设计项目各方面的情况，例如外部环境、建筑风格、结构形式、门窗位置、空间尺寸、供水供电情况、下水位置、交通情况、楼梯形式等，再对每个方面进行系统的分析，充分地利用有效的资料信息，解决项目各个方面产生的问题，将信息条理化、系统化（图2-2）。

图2-2　室内设计与各专业的工作协调系统

3. 感性创新

在将大量资料信息系统化的过程中，我们的大脑思维与各种资料信息、项目问题的分析碰撞会产生各种各样的灵感，一定要手随心动，利用画笔抓住这些稍纵即逝的灵感。这种感性创新能打破习惯性思维，变换角度，开阔视野，让思维在完全自由的状态下得到充分的发挥。

室内设计图形思维的方法实际上是一个从视觉思考、文字思考到图解思考的过程。视觉思考是一种应用视觉产物的思考方式，这种思考方法在于观看、想象和作画。在设计的范畴，视觉的产物是图画或者速写草图。当思考以速写的形式外部化成为图形时，视觉和文字思维就转化为图形思维，视觉和逻辑的感受转换为图形思考（图2-3）。

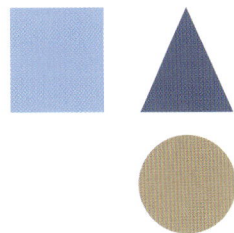

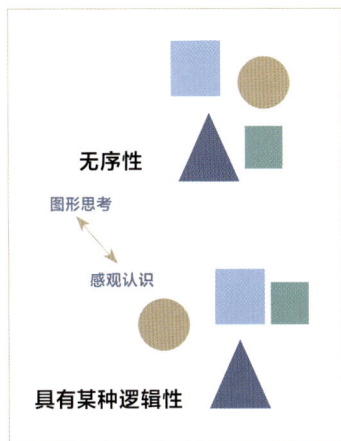

图2-3　感官认识与图形思考的关系

◎ 应用案例 1

某居住空间室内设计

居室空间的室内设计开始之前，设计师需要对业主的诉求进行全面了解。业主的诉求往往涉及室内空间的使用及生活方式，这时设计师则需要将这些感性的信息快速转化成对后期设计有用的资料。（图2-4）

在详细了解了业主的诉求之后，设计师利用专业知识拟定初步的使用功能分析图，及室内空间面积分配及生活流线参考方案（图2-5）。

任务书分析过程

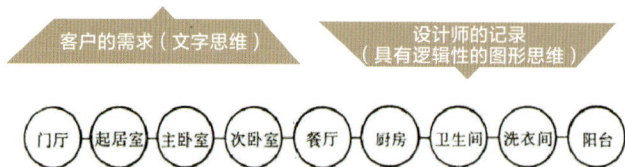

图 2-4　业主关于某居住空间室内设计的诉求

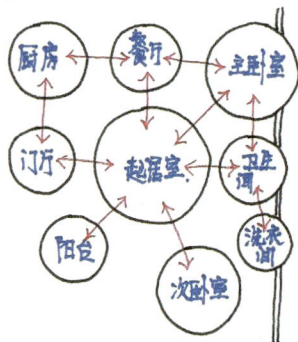

图 2-5　室内设计概念气泡图

◎ 应用案例 2

办公空间设计

当设计师面对功能更多的公共空间时，一系列需要规划和整合的空间或区域会摆在面前。在某种程度上，室内空间规划就像拼图，不同之处就在于这幅拼图并没有所谓正确的答案。这时设计师可以利用更加复杂的图表来辅助记录及分析。

比如邻接矩阵图：其中列出了所有要规划的空间，并标示了各空间需要彼此邻接的紧密程度（图2-6）。然后继续深化为气泡图（图2-7）。

利用简略插图展示家具规划、通透性以及流线组织，可用于确定空间和房间尺寸（图2-8）。

最后将所有计划植入原始建筑场地，得到更加具体的空间设计粗略方案（图2-9）。

4. 理性选择

设计过程本身就是循序渐进的，在创新思维过程中不断地产生灵感，再不断地综合分析，结合设计项目的现实条件，配合其他各相关专业，将设计思维活动回归理性。在不断深化草图中选择符合综合分析结果以及切合实际需求的最终方案，这个时候一定理性地衡量每一个草案。

图 2-6　办公空间室内功能邻接矩阵图

另外，作为设计师还应树立社会伦理道德观念，并具有高度社会责任感，关注人们的生存状态和真实需要，在严酷的商业压力下保持清醒头脑，从道德角度对设计任务做出正确的判断，履行应尽的道德义务。伦理学家约纳斯说过："设计的目的是满足大多数人的需要，而不是为小部分人服务，尤其是那些被遗忘的大多数，更应该得到设计师的关注。""人类不仅要对自己负责，对自己周围的人负责，还要对子孙后代负责；不仅要对人负责，还要对自然界负责，对其他生物负责，对地球负责。"设计中，我们是否考虑了残疾人、老年人和儿童？

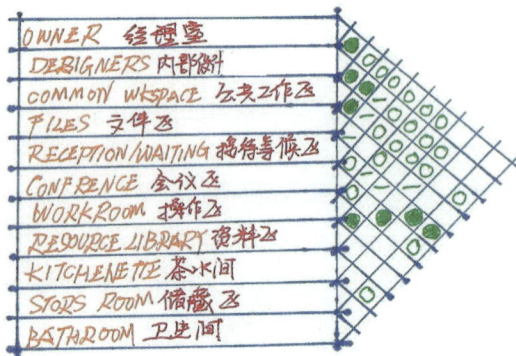

挑选的材料、家具、设备以及安装方式是否会危及使用者？发生火灾和其他意外灾害时如何保障使用者的生命和健康？我们是否因为过度地自我表现和利益驱动而破坏了生态平衡，进而影响到人类的身体健康和生活习惯？

2.1.2 室内设计的程序步骤

科学、有效的工作方法可以使复杂的问题变得易于控制和管理。在解决设计问题的工作中，按时间的先后依次安排设计步骤的方法称为设计程序。室内设计是涉及众多学科的一项复杂的系统工程，虽然设计步骤会因不同的设计者、设计单位、设计项目和时间要求而有所不同，但室内设计的过程通常可以分为以下几个阶段：设计准备阶段，方案设计阶段，方案实施阶段，设计评价阶段。

1. 设计准备阶段

设计准备阶段主要是接受委托任务书，签订合同，或者根据标书要求参加投标；明确设计期限并制定设计计划进度安排，考虑各有关工种的配合与协调；明确设计任务和要求，如室内设计任务的使用性质、功能特点、设计规模、等级标准、总造价，根据任务的使用性质创造所需的室内环境氛围、文化内涵或艺术风格等；此外，还应熟悉与设计有关的规范和定额标准，收集分析必要的资料和信息，包括对现场的调查踏勘以及对同类型实例的参观等。在签订合同或制定投标文件时，还包括设计进度安排、设计费率标准等。具体内容如下。

（1）实地调研。

多数的室内设计工作始于建筑设计和施工之后，室内设计常为建筑空间中的固定元素所限制，如果能有条件在建筑设计的初始阶段开始室内设计工作，会大大减少日后室内设计工作产生的制约和矛盾，因此，设计初

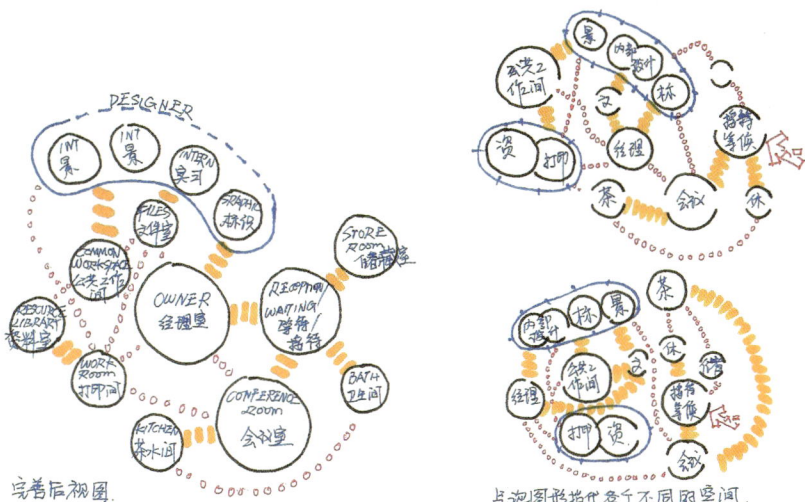

图 2-7 办公空间室内功能气泡图

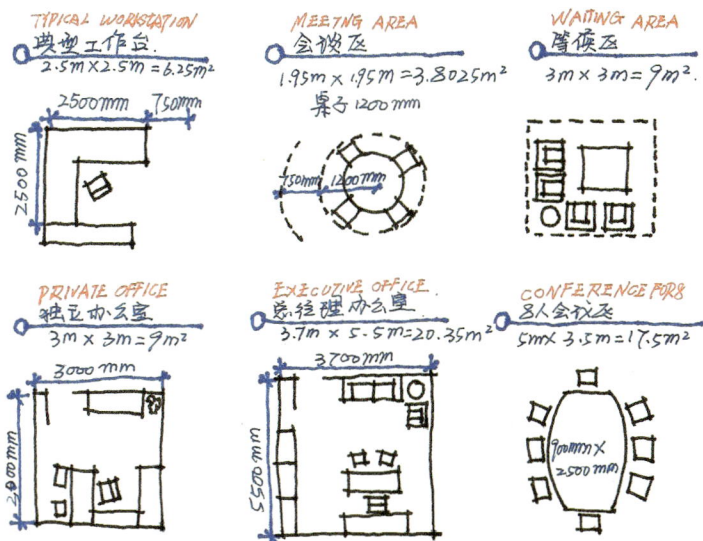

图 2-8 家具简略插图

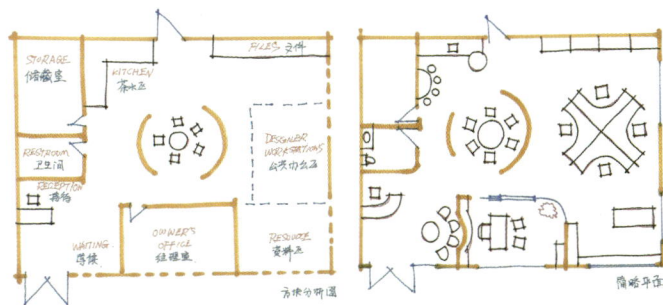

图 2-9 简略平面图

期现场的勘察与测量就显得尤为重要。

对于没有图纸的项目，自然需要到现场进行详细测绘。而对于已建成的项目，包括改建或扩建项目，虽然会有建筑等方面的配套图纸提供信息，现场的勘察、参观与测量有助于设计师更直观地把握建筑空间的各种自然状况和制约条件，包括尺寸（空间的大小、高度）、形状、结构和门窗洞口的状况，朝向，窗外的视野，相邻建筑物、树木等周围景观情况，当地气候（如日照采光、风向），供热、通风、空调系统及水电等服务设施状况。另外，建筑物本身的既有形式、风格等因素也不可忽视。实地调研应对现有空间进行拍照、录像记录，文字记录，按恰当的比例绘图等，可以提高工作效率。

（2）采访业主。

设计师应和业主仔细交谈，了解业主对各个空间的具体使用要求、装饰的意图和预期的效果，并对其进行分析和评价，明确工程性质、规模、使用特点、投资标准以及对设计的时间要求。对于功能性较强的复杂项目，设计师还要听取众多相关人员（包括相似空间的使用者）的意见、建议，掌握各方面的信息。在这方面要特别注意的是：不顾业主的需求而自行其是的做法和一味听从业主要求的做法都是不可取的。正确的做法是：应该通过设计师的创造性劳动来满足业主潜在的心理需求，通过合理的交流促使业主接受合理的建议。

（3）收集资料。

了解、熟悉与项目设计有关的设计规范和标准，收集、分析相关的资料和信息，尤其在设计功能性较强、性质较为特殊或不是很熟悉的空间，设计师应查阅同类型竣工工程的介绍、评论、所需材料、设备的数据等，并对现有同类型工程进行参观和评价，这能使设计师在有限的时间内熟悉有关信息，并能够获得灵感和启发。

（4）拟定任务书。

在许多设计实践中，业主的设计委托书不全，或只标明大概的投资金额。业主多以其他工程作为参照，或待设计方案出台后，再明确投资金额。这样，设计方案常会因业主不断提意见而修改。鉴于此种情况，接受委托的设计师务必与业主协商明确设计的内容、条件、标准，拟定一份合乎实际需求、经过可行性研究的设计方案委托书。

2. 方案设计阶段

（1）概念设计。

概念设计主要是利用图示语言表达各种功能、形式、经济等问题的解决方式，通过各种线条、符号来表示设计方案中对象和情景。

方案初步构思这一阶段是整个设计过程中至关重要的一环，也是一个较为复杂的过程，设计者利用思维能力、想象力、观察力和记忆力，综合解决设计要素之间的矛盾关系，根据先前获得的资料数据，结合专业知识、经验，从中寻找灵感，并创造性地搭配组合成新的关系。这一阶段，各种念头自由涌现，应综合考虑基本使用功能、材料、技术、形式、人文知识、历史知识、哲学概念等多种因素，并基于实用性、美观性、经济性等原则加以平衡。

徒手草图可以概括地表达构思要点，大致确定室内功能分区，交通模式，空间形象（包括大小、形式、色彩、材质等因素），空间分隔方式、洞口位置以及家具、设备的布置，结构工艺等内容。徒手草图是这一阶段中供设计者记录并用来判断方案好坏的重要手段（图2-10、图2-11）。这些最初的实验性设计概念经进一步的评估、否定、修改、发展，最后只留下一种或几种可行的方案。

（2）细化设计。

细化设计是在概念设计的基础上，进一步收集、分析、运用与设计任务有关的资料与信息，形成相应的构思与立意，进行多方案设计，继而经过方案分析、比较、选择，从而确定最佳方案。这一过程实际上是室内设

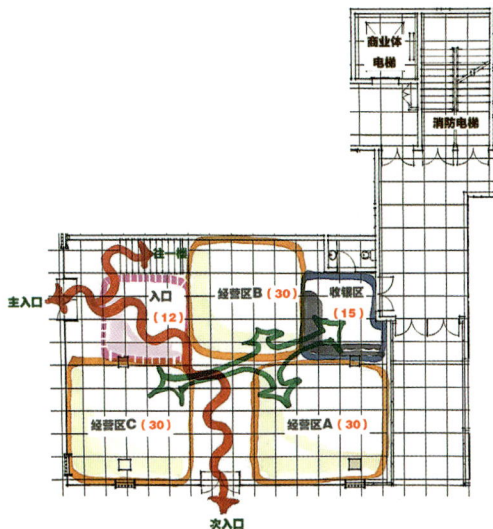

图 2-10　某商业空间一层平面分析图

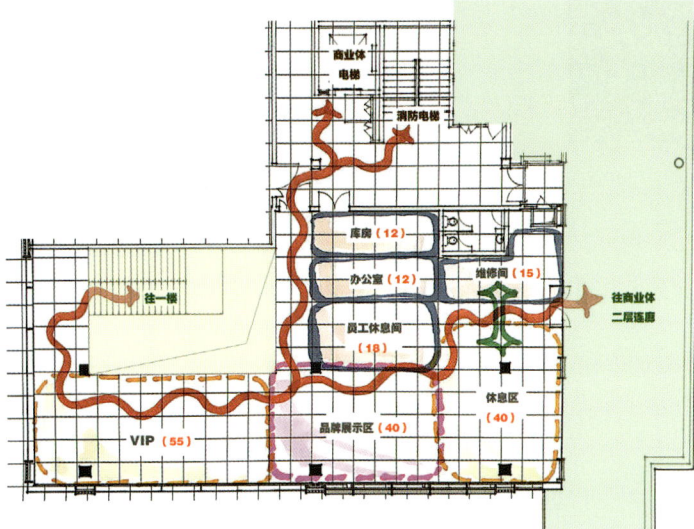

图 2-11　某商业空间二层平面分析图

计师的思维方式从概念上升为形象的过程，是头脑中的设计语言通过形象思维转化为清晰的设计图的过程。这一阶段是设计程序中的关键阶段，室内设计师的想象力起着重要的作用。

方案细化设计阶段提供的设计文件主要包括设计说明书和设计图纸。其中，设计说明书是设计方案的具体解说，涉及建筑空间的现状情况、相关设计规范要求的总体构思、对功能问题的处理、平面布置中的相互关系、装饰的风格和处理方法、装饰技术措施等。设计图纸主要包括平面图（图 2-12）、顶面图（图 2-13）、立面图、剖面图、效果图等。除此之外，还有材料实样和设计估算。

（3）施工图绘制。

装修工程的施工图设计是直接为施工企业提供按图施工的图纸，图纸必须尽可能规范、详细、完整。在我国，施工图设计一般均由设计单位完成，然后以此为依据，再进行施工的招标投标工作。

施工图绘制阶段，主要是在完整性和准确性两方面为工程施工作更进一步的准备，切实保障工程的设计质量和施工技术水平。施工图是编制工程预算、银行拨付工程款以及安排材料和设备的依据。施工图的可行性、完整性和准确性应进行相应的审查和审批。

所需的文件主要包括设计说明书与设计图纸两部分。设计说明书是对施工图设计的具体解说，以此说明施工图设计中对工程的总体设计要求、规范要求、质量要求、施工约定以及设计图纸中未表明的部分内容。

施工图是工程施工的依据，其内容应包括完成施工中必需的平面图、立面图和顶面图。设计师应该详细标明图纸中有关物体的尺寸、做法、用材、色彩规格等，画出必要的细部大样图和构造节点图。设计师应该特别重视对饰面材料的分缝定位尺寸，重视材料的对位和接缝关系。

详图与施工图设计以各界面、家具设施、门窗等用材造型的准确尺寸和节点构造为设计内容，必须考虑好局部尺寸与整体尺寸的统一。绘制详图与施工图时应在设计方案的基础上，对施工现场进行踏勘和测量，重点标明各界面造型的节点、构造，按各种装饰材料的造型特点和施工工艺画出施工图，并注明工艺流程和附注说明，为施工操作、施工管理及工程预决算提供翔实依据。

在施工图设计中，必须充分考虑上下水系统、强弱电系统、消防系统、空调系统等的管线和设备的布局定位以及施工配套顺序。完整的施工图纸必须包括上述各专业的施工图纸，以及装饰配部件、五金门锁、卫生洁具、灯光音响、厨房设备等的详细文件资料。

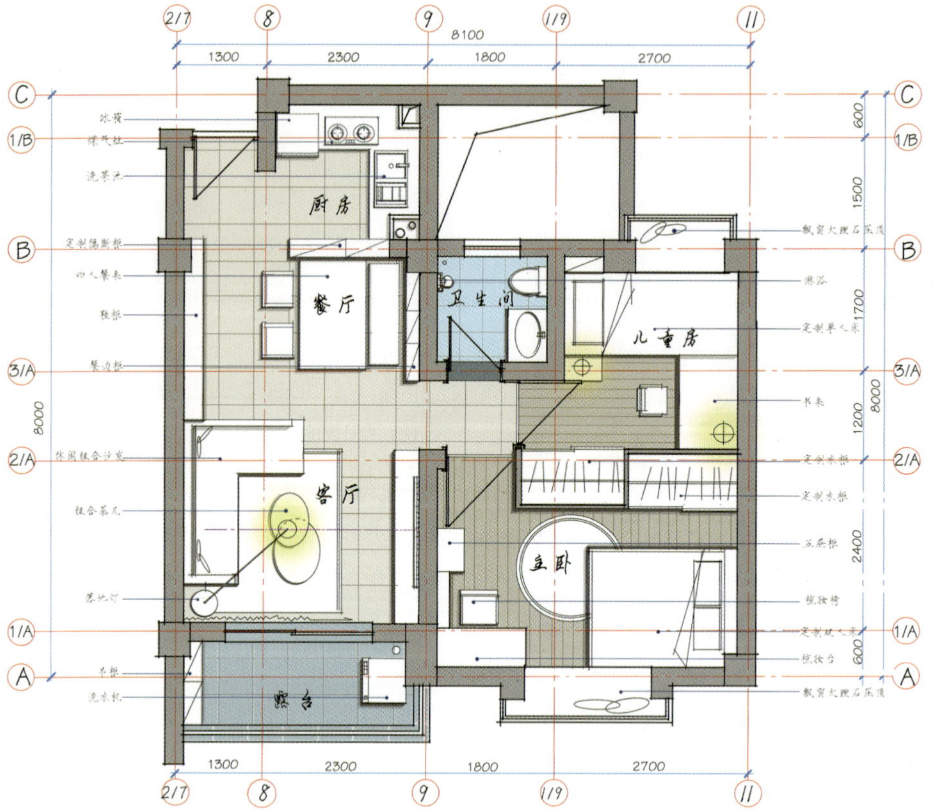

图 2-12　住宅平面图

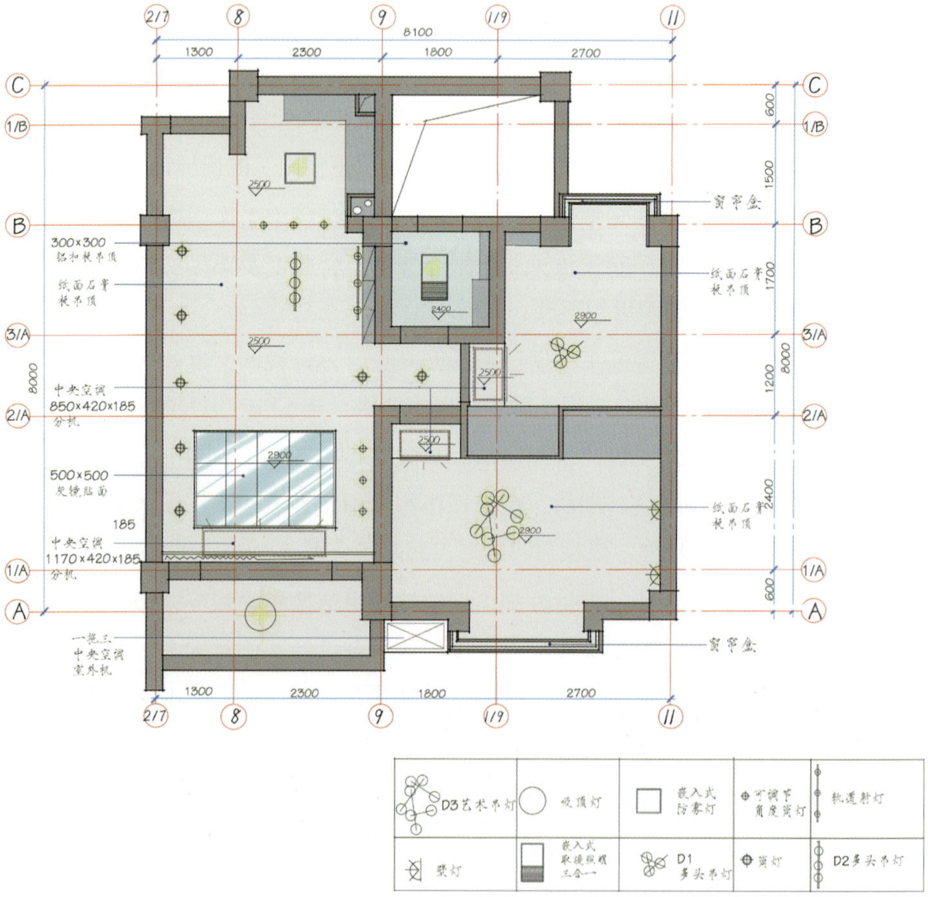

图 2-13　住宅顶面图

施工图出图时必须使用图签，并加盖出图章。图签中应有工程负责人、专业负责人、设计人、校核人、审核人等签名。施工图设计阶段还应提供施工图设计概预算。施工图设计概预算是指在施工图设计完成后、装修工程开工前，根据设计说明书和施工设计图纸计算的工程量、国家规定的现行预算定额、单位估价表、各项费用取费标准，以及各种技术资料进行计算和确定工程费用的经济文件。

3. 方案实施阶段

施工前，设计单位有责任向施工单位解释图纸，进行图纸的技术交底。

施工中，挑选、购买材料以及家具、灯具等相应设备，还要作为用户代表，经常性地赴现场审查与技术和设计相关的细节，及时解决现场与设计发生的矛盾（有时还要根据现场情况修改、补充图纸），监督方案实施状况，保证施工质量。

施工后期应协助家具、灯具等设备的调试、安装到位。施工任务结束后，还要会同建设单位和质检部门进行工程验收。

4. 设计评价阶段

在工程交付使用后的合理时间内，用户通过问卷调查或口头表达等方式对工程进行后续评估，其目的在于了解是否达到预期的设计意图，以及用户对该工程的满意程度，是针对工程进行的总结评价。很多设计方面的问题在使用后才能发现，这一过程不仅有利于维护用户利益和确保工程质量，同时也利于设计师为未来的设计和施工积累经验及改进工作方法。

2.2 室内设计构思的手段

室内设计最重要的是要有创意，而创意的本质就是要创新。这就要求设计师在继承过去设计创作成果的基础上，推陈出新，开拓新思路，寻找新题材，发掘新的艺术表现形式。从室内设计的功能开始，找到合适的设计思维切入点，例如风格样式、空间构成、界面及肌理色彩、时尚热点、传统文脉和业主诉求等。

2.2.1 风格样式

美国设计师普罗斯说过："人们总以为设计有三维美学、技术和经济，然而更重要的是第四维——人性。"这里的人性就是精神需求、文化需求，也就是室内设计的文化内涵，而室内设计风格样式的价值根源于"文化内涵"的提升，可以说文化内涵是室内设计的灵魂所在。

随着生活水平和审美意识的不断提高，人们对自己的居住空间、工作空间和各类活动空间的使用功能和审美功能也提出了更高、更新的要求，也越来越重视室内空间中的精神因素和文化内涵。

风格样式指蕴含在室内空间中的精神风貌和文化内涵，是通过造型艺术语言所呈现出来的品格、氛围、韵味等，体现了室内设计的艺术特色和个性。风格样式是一个整体的概念，它涉及的内容是多方面的，例如时代、地域、民族特点、生活习俗、文化思潮、宗教信仰、装饰材料、装修技术等。归纳起来，室内设计的风格主要有欧式古典风格（图2-14）、新古典风格（图2-15）、现代风格（图2-16）、中式风格（图2-17）、自然风格（图2-18）以及混合风格（图2-19）等。

图 2-14　欧式古典风格

图 2-15　新古典风格

图 2-16　现代风格

图 2-17　中式风格

图 2-18　自然风格

图 2-19　混合风格

2.2.2　空间构成

　　人们的一切活动都是在一定的空间中进行的，而室内空间给人们的影响和感受是最直接、最重要、最深远的。从使用功能上考虑，室内空间的面积、大小、形状等可以使人们合理选择家具和布置环境，可以节约空间，创造更好的采光、照明、通风、隔声、隔热等物理环境。

　　对于不同空间、不同的功能需要、不同的使用者来说，在满足使用功能的同时，更重要的是满足精神功能即形式美和意境美两个方面的要求。

　　形式美是构图原则和构图规律，如统一、变化、对比、协调、韵律、节奏、比例、尺度、均衡等。但是符合形式美的空间，并不一定符合意境美。意境美就是要表现特定场合下的特殊性格或个性。例如太和殿的威严、光之教堂的神秘、流水别墅的幽雅都是建筑空间表现出来的具有强烈感染力的意境效果。如果说形式美涉及的是问题的表象，意境美则是深入到问题的本质；形式美抓住的是人们的视觉，意境美抓住的则是人们的心灵。

一个好的空间组合总是根据当时、当地的环境，结合建筑功能的要求进行整体筹划，分析矛盾主次，内外兼顾，从单个空间的设计到群体空间的序列组织，把空间组织的多样性、艺术性和结构布局的简洁性、合理性很好地结合在一起，设计出有特色、有个性的空间组合。室内空间的组织方式可以从不同的角度划分，例如公共与私密、固定与灵活、静态与动态、开敞与封闭、模糊与确定、虚幻与实在等。

现代建筑大师密斯·凡德罗在巴塞罗那国际博览会德国馆的设计（图 2-20）中，创立了流动空间的理论。他在空间的组织上采用"围中有透、透中有围、围透划分空间"的手法，打破了开敞与封闭的界限，使有限的空间变成无限，无限的空间中包含着有限，不断变化空间导向。人们进入展览空间后，在不断前进的过程中，从不断变化的视觉构图中看到不同层次的空间，和中国的园林一样，移步换景，情景交融。

图 2-20　密斯·凡德罗：巴塞罗那国际博览会德国馆设计

无论公共建筑室内设计还是居住建筑室内设计，都可以把空间的组织作为设计的切入点。在有限的空间中，采用独到的创意进行空间重构，让空气自由流动，空间与空间可以交流、共享、渗透，从而达到人与空间的和谐共处。赋予空间生命，才是优秀的设计。

2.2.3　界面及肌理色彩

在室内设计中，界面处理就是围合室内空间的、可见的各个表面的处理。一个房间通常有六个视觉界面：东、西、南、北、上、下。异形的房子另当别论。通常我们简称为三大界面——墙面、地面和顶面，三大界面围合成室内空间。

室内空间的肌理和色彩是界面材料表现出来的触觉和视觉感受，也是室内空间中最显著的特性。肌理是材料和界面的表面效果，它既作用于视觉，也作用于触觉，是最好的造型手段。肌理分为自然肌理、人工肌理、视觉肌理和触觉肌理。

色彩也是很重要的形式要素。进入一个室内空间，最引人注目的就是界面和陈设的色彩。用色彩作为设计创新的主角非常自然，可以借助一些色彩作为设计的创新点。例如在家装设计中从不同性格及不同年龄的业主喜欢的色彩、季节色彩、流行色彩入手，用色彩来打动客户，使室内展现出迷人的风采。

例如在品牌专卖店中，形象墙的设计就是以界面作为设计的切入点来进行构思的。在某品牌专卖店中，商家在经营系列商品的同时，更重视品牌形象的宣传和消费群体的定位，形象墙的设计是专卖店品牌宣传的重点（图 2-21）。

2.2.4 生态节能的设计观念

利用生态节能的设计观念进行设计创新，例如绿色、环保、节能、新材料、新技术、人文关怀、数字化等概念，容易引起业主的共鸣。因此，设计师可以将这些时尚热点作为设计构思的切入点。

在室内设计的建造和更新设计中，应注重对常规资源、不可再生资源的节约和回收利用，对可再生资源也要尽量低消耗使用，把自然资源的循环再利用注入设计中，合理地使用资源，实现可持续发展。同时，设计师也应强调天然材料和自然色彩的应用，重视绿化布置，并防止有害气体污染环境。

室内设计具有较强的时尚性，所以设计师要紧跟时代的脚步，紧扣流行的节拍，不断地思考怎样将这些时尚热点作为室内设计的亮点。

随着人们环境保护意识不断增强，人们向往自然，注重使用无污染的天然材料，希望置身于天然绿色环境中，回归自然（图2-22）。

图 2-21　哈弗汽车展示厅形象墙设计

图 2-22　绿植元素加入室内设计

2.2.5 传统文化的应用

随着科技的发展和时代的进步，室内设计作品的时代感越来越强烈。但是室内设计作品不是纯粹的个人行为，在一定地域、一定时代中肯定会受到传统文化的熏陶和影响。在传统回归的今天，传统文化越来越受到人们的重视。一个优秀的室内设计作品要自觉地将传统文化融入现代设计理念中，然后立足于现实，深刻审视中华民族的历史和文化，将传统的精髓提炼出来加以继承和创新，形成新的设计理念，把传统文脉作为室内设计的创新切入点，将传统美学与现代理念融入设计中，或用新的造型形式表现出来，或运用新的构造、新的材料做法、新的技术手段、新的施工工艺形成全新的视觉效果，形成现代与传统相结合的室内设计风格。

传统的中式设计，主要运用对称、均衡的手法，四平八稳，中规中矩，色彩上多采用朴素、稳重的颜色，材质上主要运用木材和石材，总体上显得过于陈旧、沉闷，所以需要有所突破。新中式设计风格为：布局上，在对称、均衡中寻求变化，丰富其空间变化；色彩上，用亮色画龙点睛，带来活泼生气，平添音乐的跳跃感；材质上，可以运用现代材质，采用对比手法，如使用玻璃、不锈钢灯与岩石、实木等材质进行对比，在不失整体中式感的同时增强现代感。

◎ 应用案例

茅山红木艺术馆展示空间室内设计

茅山红木艺术馆是我国首个由国家级非物质文化遗产项目代表性传承人杨金荣先生携手红木艺术收藏家伍锦锋先生，立足红木文化精神共同打造，旨在以艺术交流为基，传统与当代并行、传承与创新并举的中国红木文化艺术综合体。茅山红木艺术馆于创建伊始即根植顺势而为的道家理念，以金蝉之花作展馆之魂，以红木艺术作展馆之实，遵循木之本性，立足传统典范与古法智慧，融合个性创作与创新理念，从而奠基展馆之本。场馆中以中国传统道教文化为基础，以新的表现方式向参观者传达传统与现代的结合（图2-23～图2-25）。

图2-23　茅山红木艺术馆前厅

图2-24　茅山红木艺术馆中庭

图2-25　茅山红木艺术馆展厅

2.2.6　业主的诉求

业主的诉求，包括兴趣、爱好等，可作为设计构思的依据，并以此为设计的亮点。例如喜欢某个时代的设计、喜欢收藏、喜欢大自然、喜欢阳光等（图 2-26、图 2-27）。

图 2-26　喜欢阳光的芭蕾舞者的家

图 2-27　喜欢极简主义的业主的家

室内设计师一定要谨记，自己的本职工作不是画图纸和透视图，而是构建美的空间。另外，设计师还应具备沟通和讲演能力。设计工作是在和他人的联系中展开的，那么，其中必然需要沟通。设计工作的沟通对象主要是客户以及同行。设计师在和客户沟通的时候，客户是外行，要注意避免使用专业术语，尽量用简单易懂的语言来讲解。设计师在现场和同行交流时，自然是用业内行话更为顺畅。另外，设计师在现场正确地阐明了自己的想法之后，还要确认各位施工人员是否按照自己的意思去做。

在制定设计方案时，设计师会从与客户的对话中得知对方的需要、愿望、喜好以及必要条件等信息，并在此基础上做出提案（构想方案）。第一次阐述提案尤为重要。因为很多时候，设计师只有通过这一步得到客户的理解和认同，设计工作才算真正开始。在阐述提案时，设计师要根据情况借助各种工具图纸用来说明整体方案，透视图用来展示空间效果，模型演示方便客户了解空间大小和结构。另外，装饰材料及家具、照明器具等大多通过样本或照片来展示。将所有这些资料用简明易懂的方式总结成说明图版等形式，这种能力是设计师应具备的。所以很多设计师在阐述提案时，会借助笔记本电脑制作出具有漫游穿越效果的 CG 动画，或用专业软件做出画面和音乐。

◎ 推荐室内设计时尚装饰杂志　　　◎ 推荐室内设计装饰设计网站

《装饰装修天地》　　　　　　　　室内设计网 http://www.ciid.com.cn

《室内设计与装修》　　　　　　　全国建筑装饰网 http://www.ccd.com.cn/

《现代装饰》　　　　　　　　　　建筑论坛 http://www.abbs.com.cn

《世界家苑》　　　　　　　　　　焦点家居网 https://www.jwdi.net

《新居室》　　　　　　　　　　　室内人 http://www.snren.com/

《缤纷》

《装潢世界》

（1）简述室内设计的程序步骤。

（2）列举几个室内设计构思创意的切入点。

（3）简单描述室内设计的思维过程。

（4）以一个小型茶馆布局图（图 2-28 ～图 2-30）为例，分析其空间布局、界面设计、色彩构成等方面特色。

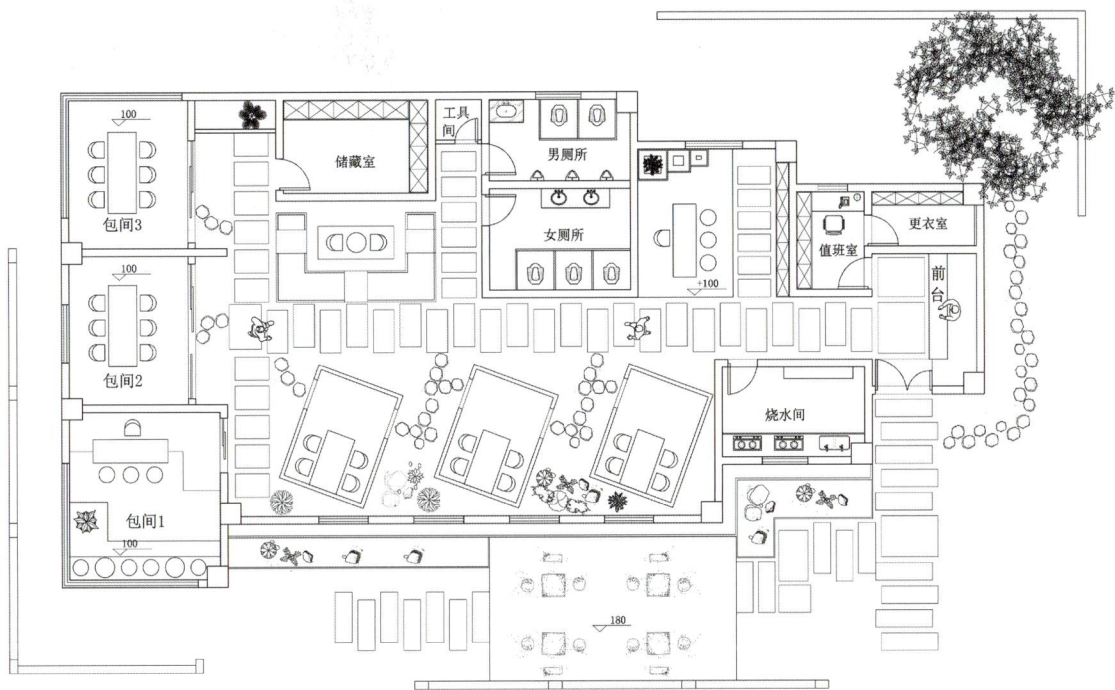

图 2-28　小型茶馆布局图

图 2-29　茶馆室内设计展示一

图 2-30　茶馆室内设计展示二

◎设计风格元素分析

拓展训练

1. 任务分析

优秀的室内设计吸引眼球的首先是室内设计的表现形式，比如空间、色彩、造型、材料、家具、配饰等，而这些元素协调统一起来又构成了整个空间的设计风格。学生通过训练，应掌握这次课程的内容，并能灵活运用。

2. 任务概述

首先选定一套自己喜欢的国内外优秀的室内设计作品，并对此作品进行深入研究和分析。对室内设计中所运用的风格元素进行归纳总结，做成一张展板。

3. 任务要求

收集足够的资料，要求是国内外真实的优秀案例，风格明确，亮点突出，图文并茂。

03

室内空间的设计

学习室内空间设计，掌握室内空间的基本分类、空间的分隔方式以及空间序列的设计手法。灵活运用空间设计知识，进行合理的室内空间设计。

"凿户牖以为室，当其无，有室之用。故有之以为利。无之以为用。"

——老子《道德经》十一章

上述句子意思是开凿门窗建造房屋，有了门窗四壁内空心的部分，房屋才能发挥作用。所以，"有"给人便利，"无"发挥了它的作用。空间，也就是建筑物的容积，是实体相对存在的概念。室内空间是无形态的，实物以外的部分是看不见、摸不着的，室内造型中，空间的感受是借助实体，即室内空间三大界面（墙面、地面、顶面）及其他辅助设施的围合或分隔来实现的。（图 3-1）

观察一下，你的周围有哪些类型的空间？

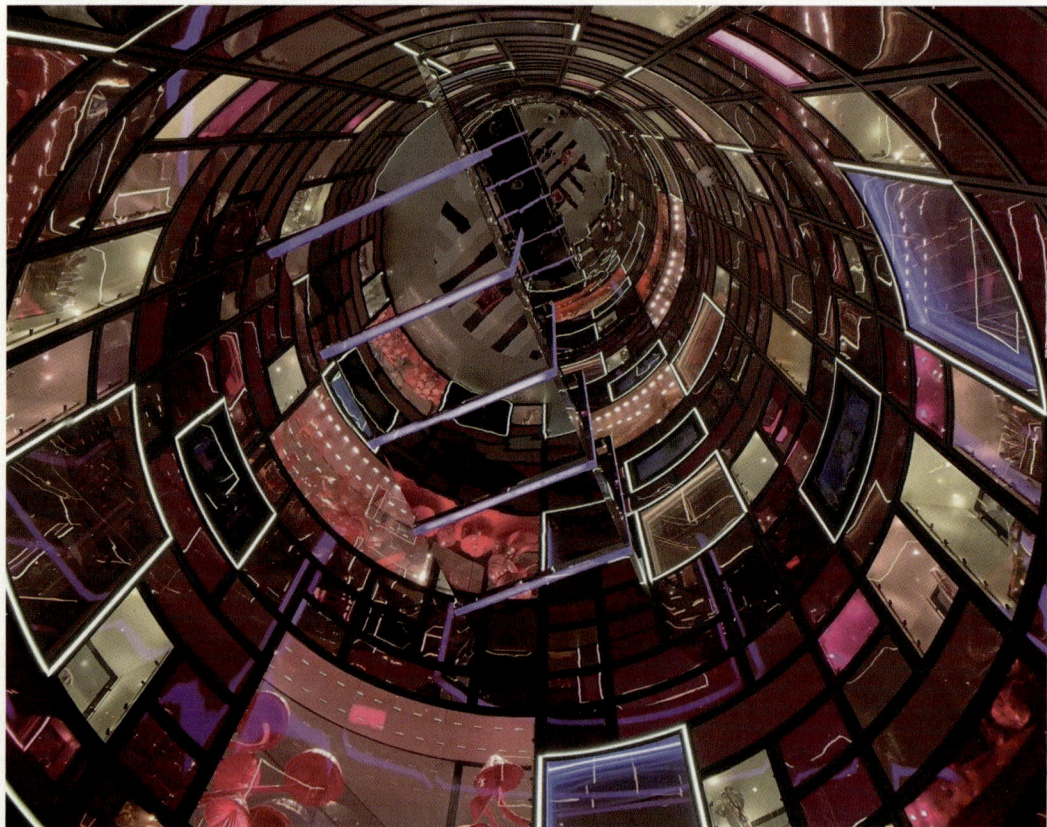

图 3-1　使用反光材料搭配光条形成魔幻的空间

3.1 室内空间的概念

　　建筑与人们的生活最为密切，创造一个适合人类生活和工作的空间，是室内设计的主要目的和基本内容。无论在日常起居、交往、工作和学习中，室内空间与人之间的联系最为密切。反过来，室内空间的设计效果又影响着人们的物质和文化生活。

　　基于人们丰富多彩的物质和精神生活的需要，室内空间可分为很多类型。例如，卧室一般是封闭空间，可以增加空间的私密性；居室的客厅采用不同类型家具的摆放组成虚拟空间，如沙发围合成谈话区或会客区，书桌和休闲座椅形成休闲区或读书区，餐桌椅围合成就餐区等（图3-2）。日益发展的科技水平和人们不断求新的开拓意识，必然还会孕育出更多样的室内空间。

图 3-2　居室设计中不同类型家具围合形成虚拟空间

3.1.1　建筑：宏观环境

　　就范围来讲，小至一间居室，大至整个城市、地区，都属于人的活动的空间。室内空间不仅要满足个人需求，而且还要满足整个社会众多个体提出的功能、精神的需求。建筑设计和城市规划的任务就在于如何组织这样一个无比庞大、无比复杂的内、外空间，而使之满足人的要求——成功地把人的活动放进这样一个巨大的容器中去。

　　建筑一般都具有实用功能，其精神性的审美意义有待发展，只有既实用又美观的建筑才是健全的。

1. 突出建筑的空间美

　　建筑空间和建筑实体相互结合形成了完美的建筑，因此建筑美也包含了空间美和实体美。实体美是外在的、开放的，空间美是内在的、含蓄的。一般说来，国外集中型的建筑，整体集聚成庞大的体量，建筑的体量美、形体美给人较强的冲击力，在这里实体美是占主导地位的。而中国木构架体系这样的离散型建筑则与国外集中型建筑相反，由于单体建筑体量不大，结构相似，建筑组群由多座单体建筑组合而成，内向庭院的整体空间景象成为建筑表现的主体，主建筑和附属建筑都成了庭院空间的构成因子。在这里空间美就上升到了主导地位。中国传统建筑是以土木为材形成的木构架建筑体系，由于建筑材料自身物理属性的影响和限制，中国传统建筑向高度发展的体制受到制约。但建筑要满足多种不同功能的要求，就必须有足够的空间。为解决这一矛盾，中国传统建筑走上了群体组合的发展道路，通过建筑物的群体组合来延伸、扩大空间。空间组合通过引导、联系、过渡、集合、总结等方式进行，因此，人置身并行进在建筑的空间中，随着时间的推移，建筑的空间序列在我们面前不断呈现。

2. 空间使用

　　建筑不仅要满足个人或家庭的生活需要，而且还要满足整个社会的各种需要。社会向建筑提出各种不同的功能要求，于是就出现了许多不同的建筑类型。各类建筑由于功能要求的千差万别，其形式上也必然是千变万化的。

组成建筑最基本的单位，或者说最原始的细胞就是单个的房间。它的形式，如空间的大小、形状、比例关系以及门窗等设置，都必须满足一定的功能要求。然而就一幢完整建筑来讲，功能的合理性却不仅仅有赖于单个房间的合理程度，而且还有赖于房间之间的组合。相反地，同一功能要求也可以采用多种形式的空间。建筑既然为人提供一定的物质空间环境，而人又不能脱离社会而孤立地存在，因此我们还应当看到建筑功能与社会的联系。在阶级社会中，由于社会财富集中于少数统治阶级手中，建筑作为巨大的物质财富，主要是用来为统治阶级服务的。这就是说，建筑首先必须用来满足统治阶级对它提出的功能要求。

一般的居住建筑、公共建筑和工业建筑都必须同时满足人们的物质功能和精神感受这两方面的要求，并且以这两方面的因素作为基本内容而谋求与之相适应的建筑形式。

3. 空间与功能的关系

从辩证唯物主义的观点来看，在内容与形式的关系中，内容居于决定性的地位。具体到建筑活动，功能作为建筑的首要目的。建筑功能的发展不仅带有自发性，而且又与社会的发展保持着千丝万缕的联系，因而成为较活跃的因素。正是功能的要求和推动促进了工程结构的发展，全部建筑历史的发展过程也说明了这一点。例如在古代，由于技术条件的限制，根本不可能建造较大的室内空间，因而就大大地限制了人们在室内活动的可能性。

近代建筑的发展表明了功能对工程结构的推动作用。在扩大空间的同时注重统一性，这反映在外部形式上必然符合均衡、稳定的原则；各部分往往具有合理的形状和比例关系，各种构件的组合往往具有强烈的韵律感……这些，都符合形式美的原则。

新的材料和新的结构方法要求在新的基础上实现统一，这就必然导致对传统形式的否定。这种否定是发展的环节，我们应当以积极的态度来看待这种变革。当然，新材料与新结构的出现与建筑形式之间的统一需要一个过程，这个过程既是一个探索的过程，又是一个创造的过程。在这方面，国外的一些建筑实践活动，特别是意大利建筑师奈尔维的许多创作，对谋求新结构和建筑形式之间的统一性，很有启发和参考价值。

在讨论功能与空间的关系时，一定的功能必须要求有与之相适应的空间形式。然而，能否获得某种形式的空间，却不单取决于我们的主观愿望，而主要取决于工程结构和技术条件的发展水平，如果不具备这些条件，所需要的空间将变成幻想。马克思主义哲学把内容和形式看成是辩证法的一对基本范畴，并认为在一般情况下，事物的形式是由它的内容决定的。功能既然作为人们建造建筑的首要目的，理所当然地是构成建筑内容的一个重要组成部分，为此，它必然要左右建筑的形式。这一点是确定不移的。但是，对内容和形式的理解却不能只停留在抽象的概念上，尤其不能用简单化的方法来硬套"内容决定形式"的公式，从而机械地认为有什么样的建筑功能，就必然产生什么样的建筑形式。设计师应当看到事物内部联系的复杂性，否则许多问题便无法解释。

3.1.2 室内：微观环境

设想设计师在设计整个房间时，客户只给设计师提供了衣柜里一个抽屉的信息。再想象这个衣柜要装下客户所有的东西，还要体现出他的装修风格。有些人会说这太令人抓狂了，而有的人则认为其乐无穷。室内环境设计与衣橱有关，不仅与单一的衣橱有关，而且与衣橱组合也有关。室内设计还与壁橱甚至是壁橱中的衣架有关。

从橱柜、私人书架、桌子、椅子、床、书桌、陈列柜到小壁龛和特殊装饰等，这些全是微观环境设计的范畴。在家具类别中，微环境包括很多室内空间的物体。这些物体最终会放在房间里使用，如椅子、床、桌子和浴缸。在建筑类别中，微环境包括一些有意义且又有实用价值的室内环境组合元素，如壁龛、凹室和小隔间等。

从现在开始留意周围微观层面的东西吧！注意那些为笔记本、笔、植物、画架、桌面、书架、艺术品、窗帘和所有细节提供空间的隔间，然后把这些元素很好地结合到整体设计中。

室内空间的组合与划分

3.2.1 室内空间的类型

室内空间的类型可以根据空间的性质和特点来区分，以利于在设计组织空间时选择和运用。

室内空间的多种类型是基于人们丰富多彩的物质生活和精神生活需要而产生的。日益发展的科技水平和人们不断求新的开拓意识，必然还会孕育出更多样的室内空间类型，下面介绍几种常见的室内空间类型。

1. 动态空间

动态空间也称为流动空间。流动空间在设计上力求连续流畅的动感效果。流动的形式有两种：一种是实质上的流动，一种是视觉上的流动。在设计上一般采用后一种，主要方式是心理暗示，即运用造型、色彩、材质等手法使人产生联想，形成视觉的流动效果。例如书店内活泼明快的色彩（图3-3）和大堂空间内铺设的地面拼花（图3-4），都可以使人从视觉上获得空间流动的效果。

图3-3 苏州钟书阁书店彩虹长廊

图3-4 博物馆大堂空间内铺设的地面拼花

2. 静态空间

静态空间一般说来形式比较稳定，常采用对称式布局和垂直水平界面处理。空间比较封闭，构成比较单一，视觉常被引导于一个方位上或落在一个点上，空间常表现得非常清晰明确，一目了然。例如中国传统的家具布置以实体为背景，家具采用对称形式布置，充分说明了这一点（图3-5、图3-6）。

图 3-5　中国传统家具布置

图 3-6　经心书院背景墙布置

3. 开敞空间

开敞空间是外向型的，限定性和私密性较小，强调与空间环境的交流、渗透，讲究对景、借景，与大自然或周围空间融合。它可提供更多的室内外景观和扩大视野。在使用时开敞空间灵活性较大，便于改变室内布置，如专卖店的入口和商场内部形成的开敞空间（图 3-7、图 3-8）。在心理效果上，开敞空间常表现为开朗、活跃；在景观关系上和空间性格上，开敞空间具有收纳性和开放性的特征。

图 3-7　专卖店入口图一

图 3-8　专卖店入口图二

4. 封闭空间

封闭空间是由一定高度的四个侧界面围护的实体包围形成封闭性很强的、较独立的空间，对外界的视线具有很强的拒绝性和隔离性。

封闭空间的围合程度主要由私密程度决定，过于封闭的空间往往显得单调、沉闷。所以对私密程度要求不是特别高时，往往可降低封闭性，增加与外界的联系与渗透，如选择开窗等。

封闭空间（图3-9）的封闭性是相对的，主要目的是抵御外界不必要的干扰和影响，减少与周围环境的流动性。而对在空间内活动的人来说，绝不能产生封闭、沉闷的心理压力。因此，在不改变封闭功能的前提下，应通过采用人工造景（窗景、门景）、天窗和镜面等手法来打破封闭感和沉闷感。

开敞空间和封闭空间也有一定程度的联系，如介于两者之间的半开敞和半封闭空间。它取决于房间的使用性质与周围环境的关系，以及视觉上和心理上的需要。例如在现代住宅户型设计中，起居室（图3-10）、卧室的开窗面积扩大，飘窗、落地窗的出现，其目的就是获得更好的开敞性。

图 3-9 无开窗的封闭空间

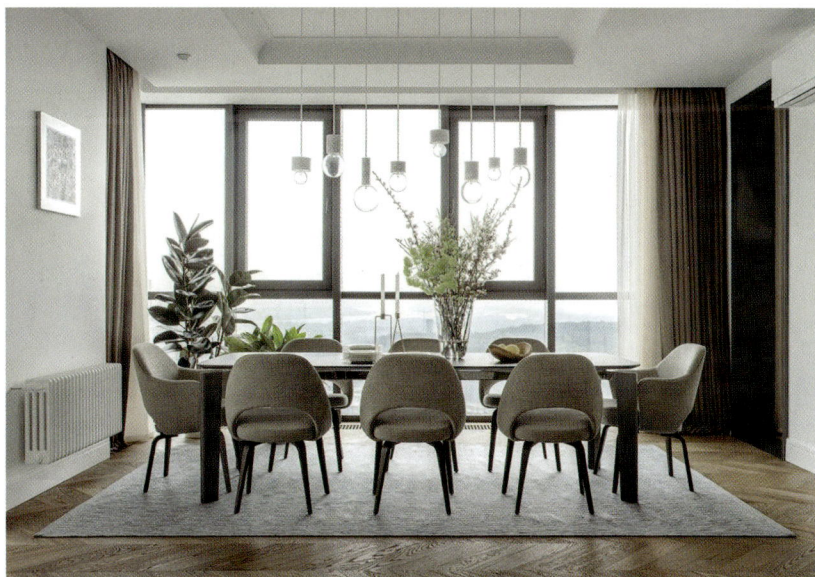

图 3-10 起居室的落地窗形成半开敞空间

5. 模糊空间

模糊空间（图3-11）的界面是模棱两可的，具有多种功能，空间中充满了复杂性和矛盾性。在空间性质上，它常介于两种不同类别的空间之间，如室外、室内，开敞、封闭等；在空间位置上，模糊空间也常处于两部分空间之间而难以界定其所归属的空间，空间界限也不明确。例如许多办公空间的套间式房间，空间界面和家具布置的不确定性，形成了模糊空间的效果。

6. 虚拟空间

虚拟空间是与实体空间相对的一种空间形式，它更多的是调动人的心理作用，用象征的、暗示的、概念的手法来进行处理，也可以说虚拟空间是一种"心理空间"。虚拟空间是指在界定的空间内，通过界面的局部变化再次限定的空间，如局部升高或降低地坪或天棚，或以不同材质、

图 3-11 布幔形成的模糊空间

色彩的平面变化来限定空间等。

　　虚拟空间的作用主要体现在两个方面：一方面是实际使用的作用，另一方面是心理感受的作用。例如由于功能分区的不同，售楼部的接待大厅可以分为接待区、休息区等（图 3-12），居室客厅可以分为会客区、就餐区、休闲区和读书区等（图 3-13）。这些区域不用完全分开，可以使用虚拟空间进行连接，又有各自的独立区域。虚拟空间的形成可以借助立柱、隔断、家具陈设、绿化、水体、照明、材质、色彩以及结构构件等。这些元素可以给空间增色，起到点缀作用。

图 3-12　售楼部的中庭接待区

7. 下沉空间

下沉空间的设计方法是在地面做下沉设计，地面由于做下沉处理使视点发生变化，空间的感觉增大，空间的景观也随之发生变化。空间做下降处理，下降的空间领域感增强，从而显得更加安静和稳定，在公共环境中被广泛应用。很多广场景观做成下沉式，许多酒店大堂中庭为了追求空间区域划分和环境的舒适性，采用了略微下降的处理方式，这些都是下沉空间的良好应用形式。

图 3-13　客厅中的虚拟空间

8. 穿插空间

由两个空间相互穿插叠合，或一个空间插入另一个空间而形成一个公共空间，相互穿插的两个空间仍保持各自所具有的空间界限和完整性。这种中性空间成为原有两个空间的连接空间，也可与其中一个空间合并，成为该空间的一部分，同时也成为另一空间的过渡空间。穿插空间为两空间共有，你中有我，我中有你，界限模糊不定，因而又具有不定空间的特征，这种特征常常在不同空间之间起到交融与渗透作用（图 3-14）。

9. 母子空间

母子空间（图 3-15、图 3-16），又叫空间内的空间，大空间套小空间，是对空间的再次限定。大空间与小空间在尺度、形式上有密切的关系。当内含的空间过大时，外围空间变得狭小，令人感到压抑，两空间主次难分；如果内含的空间过小，将失去母子空间的构成关系。

图 3-14　上海 1933 老场坊中穿插的走道

图 3-15　书店中的母子空间

图 3-16　餐厅中的雅间

在实际生活和设计应用中，我们经常见到敞开式大厅中的小空间和大餐厅中包含的小包间。这些小空间与大空间有着密切的联系。小空间既可采取绝对方式封闭分隔，以增强其私密性，也可用象征性分隔使其接近大空间的气氛。

10. 共享空间

共享空间是将多个保持一定距离的空间用一个更大尺度的公共空间连接而成的空间（图 3-17）。这种多个空间的连接组合具有重叠互搭的关系，但它们又能保持各自空间的特征，并共享重叠的空间。共享空间一般见于展览中心、商业建筑、旅游酒店等。这主要是为了适应现代社会人们日益频繁的社交活动和旅游观光等需求。共享空间有大面积的采光和大规模的室内绿化、现代化的设施，共享大空间通透的环境能形成开放的视觉景观，消除公众之间的距离，形成新的空间环境。

3.2.2　空间的分隔

空间的分隔和联系不但是一个技术问题，也是一个艺术问题，除了从功能要求来考虑空间的分隔和联系外，空间的分隔形式、组织、比例、方向、线条、构成以及整体布局等，也对整个空间设计效果有着重要的意义，反映出设计的特色和风格。

图 3-17　商场中的共享空间

空间的分隔是空间组织的配置，分隔方法多样，常见的分隔形式有以下几种。

1. 实体分隔

实体分隔能增强各自空间的个性，限制相邻空间的视觉连续性，使两空间产生互不联系的独立效果（图3-18）。

2. 局部分隔

局部分隔可使用屏风或家具，形成两个相邻的空间。这种分隔的强弱由分隔体的大小、形状、材质等决定（图3-19）。

3. 列柱分隔

为增强相邻空间的视觉连续性，使两空间的关系更为密切，也可利用具有柱体特征的线帘加以分隔。柱距越近，柱身越粗，分隔感越强（图3-20）。

4. 基面或顶面的高度分隔

基面或顶面的高度分隔常用方法有两种：一是将室内地面局部提高或降低（图3-21、图3-22）；二是将室内顶面局部降低或采用不同材质加以区分。把空间划分为两个相邻的空间，相邻两空间的连续程度依基面的高低而定。

图3-18 居室中实体墙的分隔

图3-19 室内空间中用家具进行局部分隔

图3-20 列柱分隔使室内空间似断非断，似隔非隔

图3-21 通过地面提高形成讲演空间

图3-22 通过地面提高形成阅读空间

5. 建筑小品、灯具、软隔断分隔

喷泉、水池、花架等建筑小品划分室内空间，不但保持了大空间的特性，而且能够活跃气氛（图3-23）。

图 3-23　建筑小品分隔室内空间

3.3 室内空间构成特征

人类所建成的围合空间应具有容纳性，为人的活动提供一定的空间领域。因此，室内空间的构成有三个方面的规定性：量的规定性，形的规定性，质的规定性。

3.3.1 量的规定性

量的规定性包括空间体量的尺度、空间高度、特定条件下的空间尺度（需进行特殊处理）。

1. 空间体量的尺度

空间体量的尺度由长、宽、高三个维度确定。人类的活动需求不同，对空间尺度的要求也不同。空间使用的目的性决定了空间体量尺度的大小，不同的使用空间在尺度上存在着明显的差异。

2. 空间高度

在空间构成中，空间面积固定不变时，高度会对空间体量产生影响。合理的高度可以得到理想的空间形态；空间高度处理不当，过高或过低都会对空间体量产生不良影响（图3-24）。

3. 特定条件下的空间尺度

一些政治性或宗教性的建筑中，在空间尺度上往往含有某种意志的需求。

俄罗斯圣彼得堡叶卡捷琳娜宫中的大殿（图3-25）与广州石室圣心大教堂（图3-26），这两个空间都是通过抬高空间高度来加大空间的尺度，使空间环境具有庄严神圣之感，从而体现建筑空间本身所应具有的内涵。

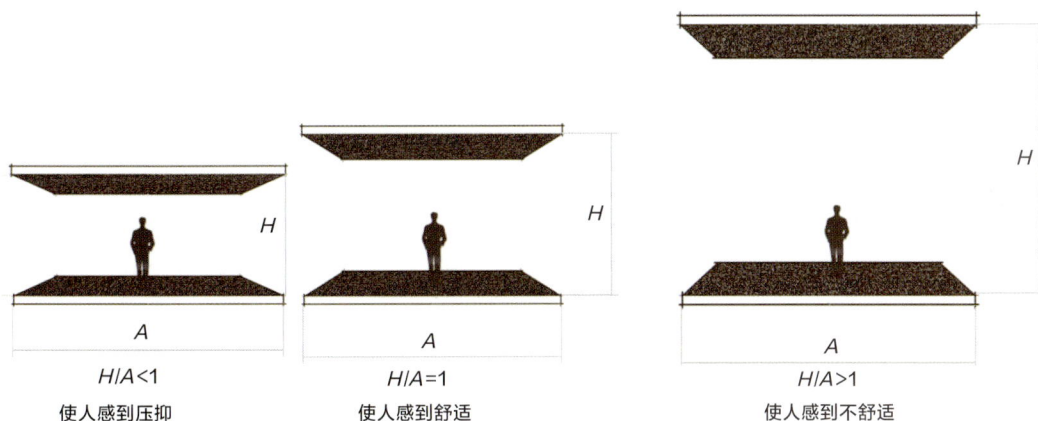

$H/A<1$

使人感到压抑

$H/A=1$

使人感到舒适

$H/A>1$

使人感到不舒适

图3-24 空间高度对人的影响

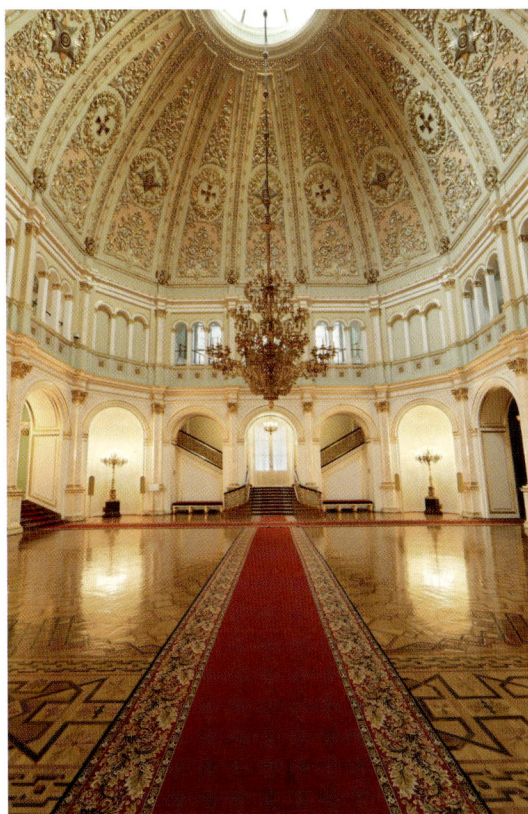

图3-25 叶卡捷琳娜宫中的大殿

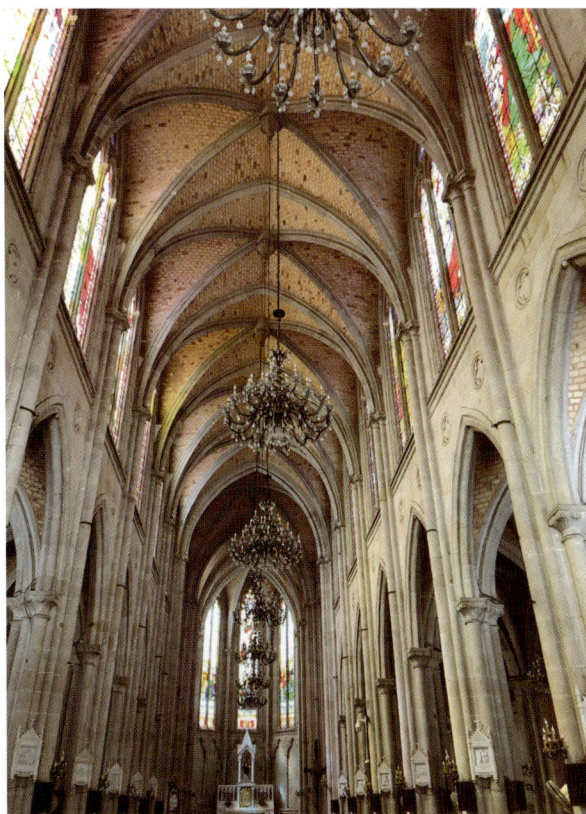

图3-26 广州石室圣心大教堂

3.3.2　形的规定性

形的规定性是指由于空间的用途不同而产生不同的形状。空间形状的改变可以有两个方面。

1. 不同的长宽比形成不同的空间形状

在建筑空间中，最基本的形是长方体。长方体在三个维度的不同比例关系造就了不同的空间形态。

2. 各种形式都需满足功能需求

空间形状除了基本的长方形之外，还有圆柱形、拱形、穹隆等多种形式，这些形式都会因特定功能而产生不同的形状。

3.3.3　质的规定性

空间的质量必须具备人类活动需要的条件：具备人的生存和活动条件；满足采光、通风、日照等条件（图 3-27）。

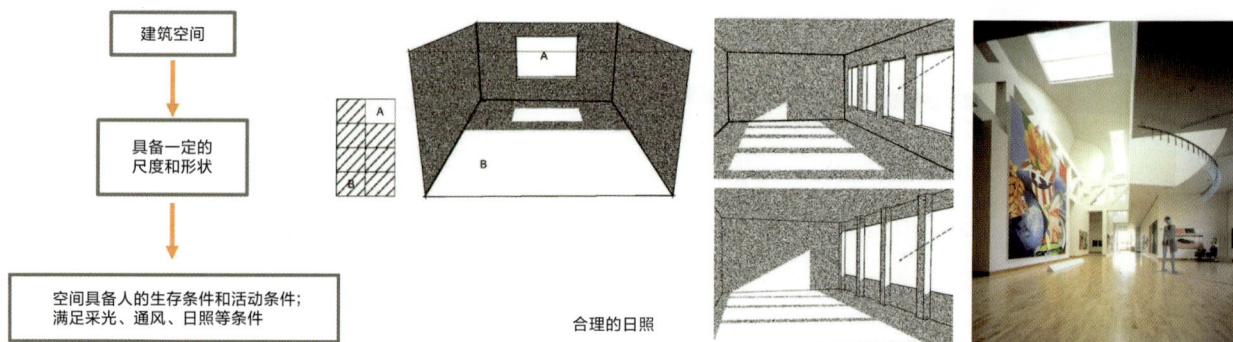

图 3-27　合理的日照对空间的影响

3.4　空间的序列

空间的序列，是指人在空间环境内活动的先后顺序，是建筑师按建筑功能给予空间的合理组织。各个空间之间有着顺序、流线和方向的联系。例如博物馆的空间序列设计比火车站的要复杂一些，序列设计得要长一些。设计师在空间序列设计上要厘清空间起始、空间过渡、空间高潮以及空间终结的关系。活动过程有一定的规律性和行为模式，空间序列设计有客观依据。空间的连续性和时间性是空间序列的必要条件。例如电影院的空间序列设计要符合观影者的活动轨迹（图 3-28）。

空间序列设计不只是一种"行为工艺过程"的体现，还以此作为时间、空间形态的反馈作用于人的一种艺术手段，以便更深刻、更全面、更充分地发挥空间艺术对人心理上和精神上的影响。

人在空间内活动的精神状态是空间序列考虑的基本因素；空间的艺术章法则是空间序列设计主要的研究对象，也是对空间序列全过程构思的结果。

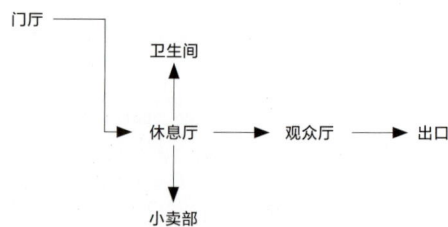

图 3-28　电影院的空间序列设计

3.4.1　序列设计的一般规律

室内空间布局的序列包括各个空间顺序、流线及方向等因素，不同因素的组合必须根据室内空间中实用功能和审美功能的要求精心设计。在室内设计中，合乎逻辑的空间序列是一个连续、和谐的整体。

起始——序列设计的开端，它预示着即将展开的室内环境内容，因此序列的设计要对人们有吸引力。

过渡——是培养人的感情并引向高潮的重要环节，具有引导、启示、期待以及引人入胜的功能，同时起到增强空间序列节奏感的作用。

高潮——序列设计中的主体，从引人入胜进入情绪高涨，使人在环境中产生种种最佳的感受。高潮的形成主要是以视觉中心的位置来确定的。

终结——由高潮恢复到平静，也是序列设计中必不可少的一环，要使人有回味高潮的感觉。在一个有组织的空间中，既要"放"，也要"收"。只强调高潮部分不强调终结部分势必散乱空旷。

◎ 应用案例

毛主席纪念堂

毛主席纪念堂位于天安门广场南侧，建成于1977年9月。整个建筑坐落在枣红色花岗岩砌成的高大基座上。纪念堂分北厅、瞻仰厅和南厅三部分，毛主席的遗体就安放在瞻仰厅内的水晶棺中，周围是全国各地的人们敬献的鲜花，北厅上层还陈列着毛泽东、周恩来等开国元勋的革命事迹。

当时，中央领导指示纪念堂设计方案要"方便群众瞻仰"。为了贯彻这一思想，设计人员特地在入口至瞻仰厅之间安排了一段相对较长的过厅和走道，为的是让刚刚从阳光下进入室内的人们对厅内光线有一个适应的过程。这一安排充分体现了设计人员在细节处理上独具匠心。

为了突出从北大厅到瞻仰厅的入口，南墙上的两樘大门选用名贵的金丝楠木制作，色泽和纹理都很醒目，具有极强的导向作用。

为了体现"毛主席永远活在亿万人民心中"的思想，设计者们将室内环境设计成一间日常生活的卧室。他们选用泰山产的磨光黑色花岗石作为水晶棺的基座，寓意"为人民利益而死就比泰山还重"（图3-29）。

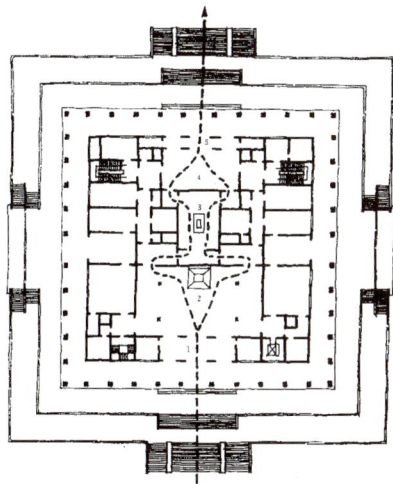

图3-29　毛主席纪念堂空间序列设计

3.4.2　不同建筑对序列的要求

1. 序列长短的选择

序列的长短即反映高潮出现的快慢，高潮出现得晚，层次必须增多，通过时空效应对人心理的影响必然更加深刻。因此，长序列的设计往往运用于需要强调高潮的重要性、宏伟性与高贵性。

以讲效率、速度、节约时间为前提的各种交通客站，采取拉长时间的长序列手法并不合适，这类室内空间设计应该一目了然，层次越少越好，通过的时间越短越好，不使旅客因找不到办理手续的地点和迂回曲折的出入口而造成心理紧张。

2. 序列布局类型的选择

采取何种序列布局，决定于建筑的性质、规模、地形、环境等因素。序列布局一般可分为对称式和不对称式，规则式和自由式。空间序列线路一般可分为直线式、曲线式、循环式、迂回式、盘旋式、立交式等。我国传统宫廷寺庙以规则式和直线式居多，而园林建筑以自由式和迂回曲折式居多。这对空间性质的表现很有作用。

3. 高潮的选择

通常选择具有代表性的、反映该建筑性质特征的、集中一切精华所在的主体空间，作为高潮的对象。

根据正常的空间序列，高潮的位置总是偏后，故宫建筑群主体太和殿和毛主席纪念堂的代表性空间瞻仰厅，均布置在全序列的中偏后位置。

以吸引和招揽旅客为目的的公共建筑，高潮中庭在序列的布置中显然不宜过于隐蔽，相反应显示该建筑的规模、标准和舒适程度，常布置于接近建筑入口和建筑的中心位置。

3.4.3 空间序列设计的手法

空间序列设计规律，随其建筑功能的不同而变异。空间序列设计是设计师根据物质功能和精神功能的要求，运用各种建筑符号进行创作的。良好的序列设计手法要通过每个局部空间的装饰、色彩、陈设、照明等一系列艺术手段的创造来实现。

因此，空间序列的设计手法非常重要。空间序列的组织必须具有鲜明的节奏感，具体说来有以下几种形式。

1. 空间的导向性

导向性，就是以建筑处理手法引导人们行动的方向。常用的如指示性符号、一面墙等。人们进入该空间，就会随着室内空间的布置，自然而然地随之行动。良好的交通路线设计不需要文字说明牌，而是用建筑所特有的语言传递信息，与人对话。如用连续的货架、列柱和地面材质的变化等强化导向，通过这些手法暗示或引导人们行动的方向。因此，室内空间的各种韵律构图和象征方向的形象性构图就成为空间导向性的主要手法。形成空间导向性和暗示作用常用的处理方法归纳起来有以下几种。

（1）曲面的墙体引导人流向某个方向行动，同时暗示另一个空间的存在。这种处理方式就是以人流自然地趋向于曲线形式的心理特点为依据的。

（2）运用特殊形式的楼梯或特意设置的踏步处理，暗示上一层空间的存在。这种处理方式多用于垂直空间的导向和暗示（图 3-30、图 3-31）。

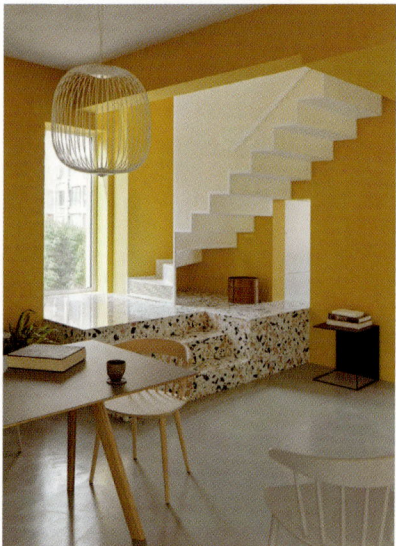

图 3-30 楼梯暗示图一   图 3-31 楼梯暗示图二

（3）用顶界面、底界面的处理，暗示前进的方向。如在天花和地面上做出具有强烈方向性和秩序感的图案，也能够起到导向人前进的作用。

（4）运用空间的灵活分隔并结合灯光的设计，暗示另一个空间的存在。

2. 视觉中心

在一定范围内引起人们注意的目的物称为视觉中心。视觉中心有助于空间的功能表述，突出空间序列中的重点。空间的导向性有时只能在有限的条件下设置，因此在整个序列设计过程中，还须依靠视觉中心吸引人们的视线，勾起人们的欲望，控制空间距离。如中国园林以廊、桥、矮墙为导向，利用虚实对比、隔景、借景等手法，以寥寥数石、一池浅水、几株芭蕉构成一景，这些都可视为在这个范围内空间序列的高潮。

视觉中心一般出现在主题空间或空间序列中重要的位置上，视觉中心的形成一般来说需要以下两个方面来实现。

（1）突出视觉中心目的物的色彩或造型，或将其位置确定在主要空间的显著位置（图3-32）。

（2）运用对比的手法以小或低的次要空间反衬它、突出它。

图 3-32　卧室的视觉中心

3. 空间环境构成的多样与统一

空间序列的构思是通过若干相互联系的空间，构成彼此有机联系、前后连续的空间环境。它的构成形式随着功能要求而呈现，如在一个连续组合的空间中做好空间的高潮处理，这对整个空间的秩序感和节奏感的形成至关重要。空间序列还要处理好内、外部空间的过渡关系，即空间的开端和结尾部分，这样才能使室内外过渡自然，又不令人感觉平淡。另外，还要处理好一系列室内空间的衔接问题，认真做好过渡空间的处理。过渡空间既可以起到收束空间的作用，也可以起到突出视觉中心的作用，增加空间的节奏感和完整性。"豁然开朗""出乎意外""别有洞天""先抑后扬"等空间处理手法，都是采用过渡空间以引向高潮。

综上所述，空间序列的组织实际上就是综合运用对比、重复、过渡、衔接、引导和暗示等一系列的空间处理手法，把整个室内的空间组织成一个有秩序、有变化、统一完整的空间。不同类型、不同功能的建筑，可以按照各自的需要来选择不同的空间序列形式。

特别提示

空间具有四维特征，步移景异，形成完整、动态的空间序列。设计师在进行空间设计的时候要注重过渡空间以及序列中各个空间之间的关系。不同空间采用对比、重复、过渡、衔接、引导等空间处理手法，相互连贯、相互渗透、相互流动，形成有起伏变化、有节奏的空间序列。

课堂实训

实训目的：通过实训练习，掌握空间的组合以及空间序列的设计方法。

实训内容：构思一个小型住宅空间的室内设计。

建筑原始结构及任务书

◎ 小户型住宅空间平面规划的设计要点

在小户型中，各个空间的面积往往是有限的，想要在有限的空间下，实现宽敞的视觉感受，那么就可以考虑采取开放式的空间设计，比如书房、厨房可以与客餐厅打通，这样在大厅活动的时候，整体空间就会显得更加宽敞舒适了。比如案例中的这个原始户型，除卫生间的墙体之外，基本都可以拆除（图3-33）。

为了提升空间的利用率，可以增加较多的储藏空间，并且把这些地方安排在转角位置及不便于利用的凹凸空间中。（图3-34）

同时，我们还应该学会共享资源（如墙面、管道、家具等）及设计多功能的空间，高效利用空间，避免浪费。（图3-35、图3-36）

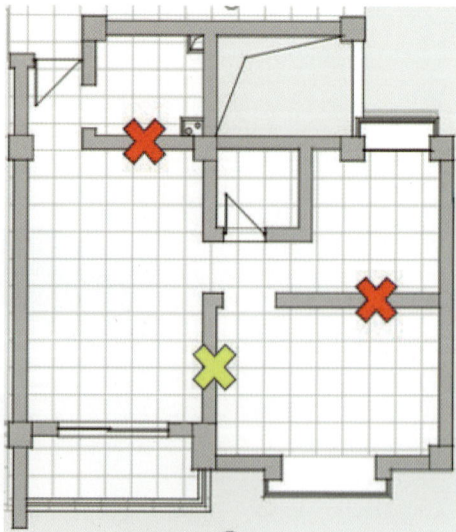

图3-33　红色表示优先考虑拆除，黄色次之

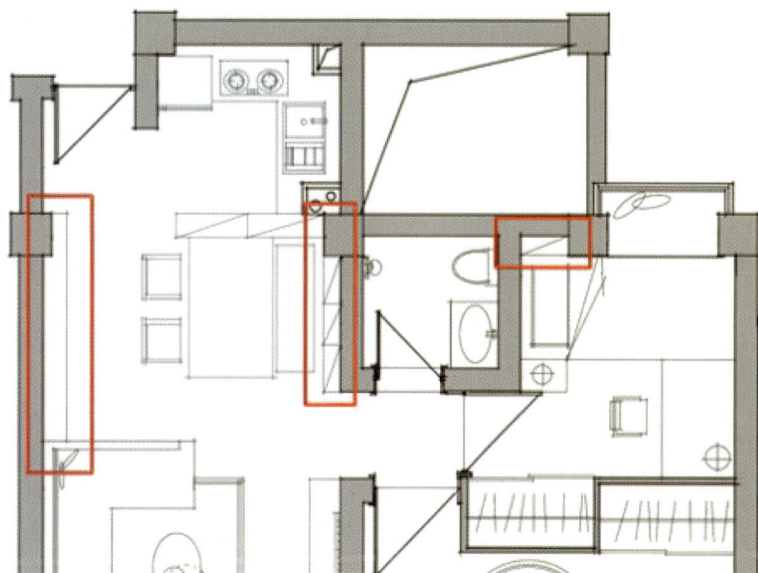

学会填"坑"

100 ~ 200mm 置物板
200 ~ 300mm 鞋柜
300 ~ 400mm 储物柜
400 ~ 500mm 书柜
500 ~ 600mm 衣柜
600mm+ 步入式储物柜

图 3-34　储物柜的设计

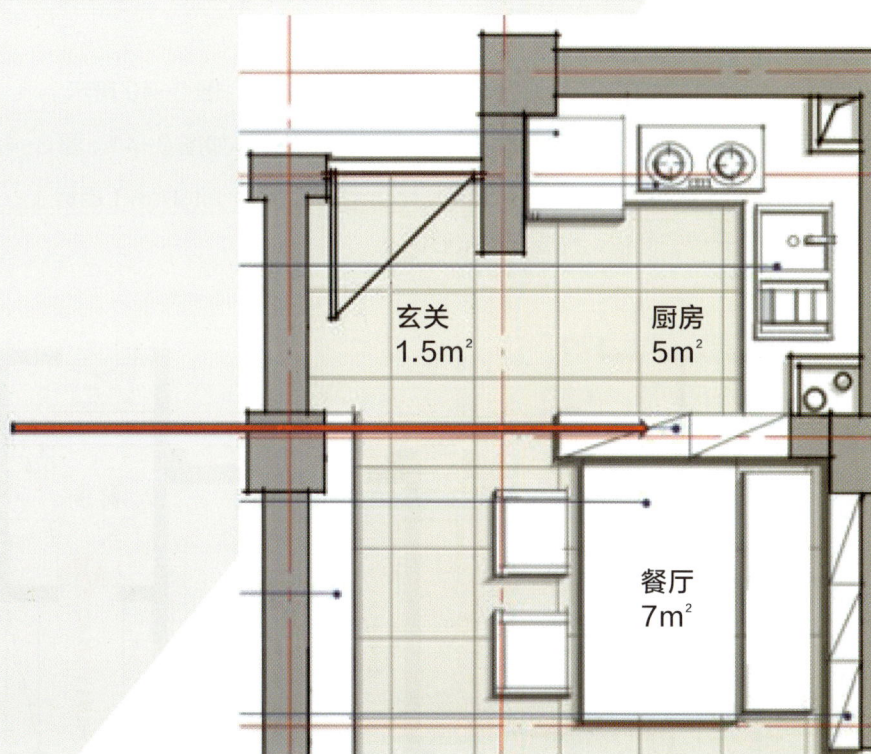

玄关
1.5m²

厨房
5m²

家具的共享设计
满足多功能性

餐厅
7m²

图 3-35　家具的共享设计

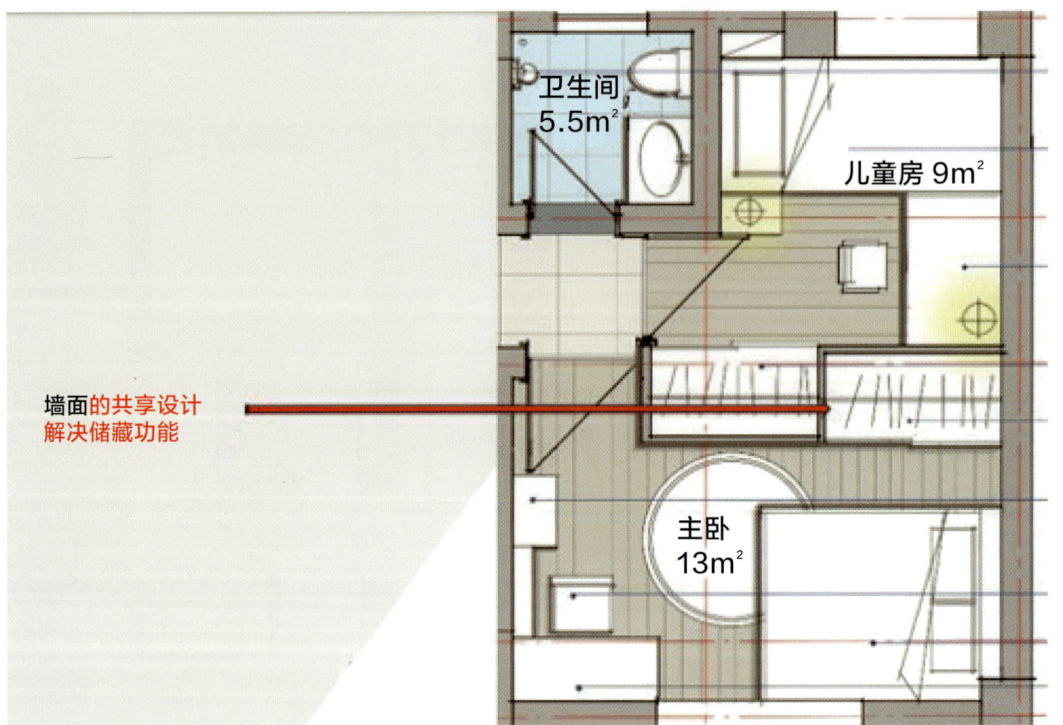

卫生间
5.5m²

儿童房 9m²

墙面的共享设计
解决储藏功能

主卧
13m²

图 3-36　墙面的共享设计

当然，小户型的空间虽然面积小，但由于各种功能都必须要齐全，因此根据空间的序列设计原则，设计有效的流线组织系统也是非常重要的（图 3-37）。

我们再来看一个关于入口玄关动线设计的案例，如图 3-38～图 3-40 所示。

最后，我们还可以合理利用 LDK 一体成型的空间设计手法，如图 3-41、图 3-42 所示。

LDK 就是指 living room（客厅）、dining room（餐厅）、kitchen（厨房），LDK 一体化就是让客厅、餐厅、厨房共处一个开放空间内，构成家的核心区。

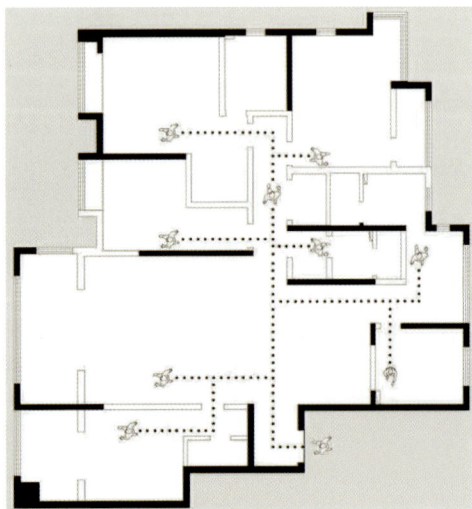

图 3-37　设计有效的流线组织系统

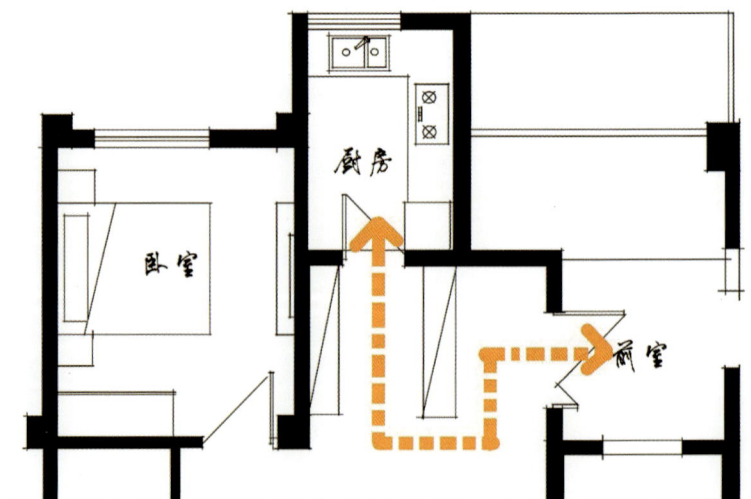

卧室

厨房

厨室

图 3-38　不合理的设计

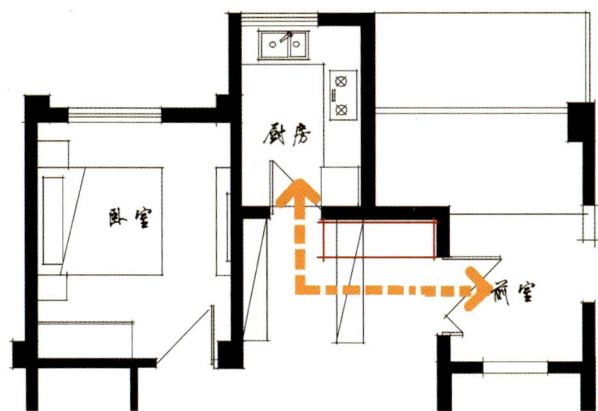

图 3-39　修改方案一

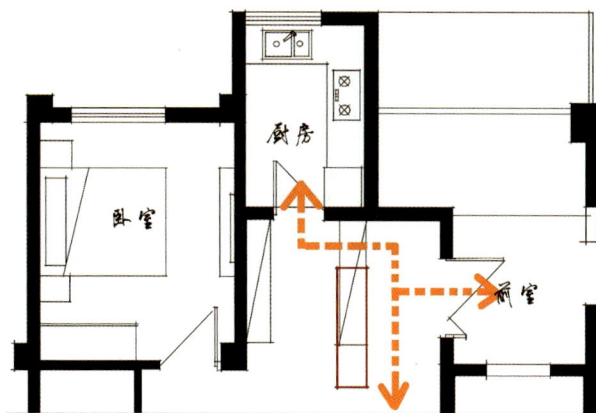

图 3-40　修改方案二

图 3-41　没有利用 LDK 一体成型的空间设计手法

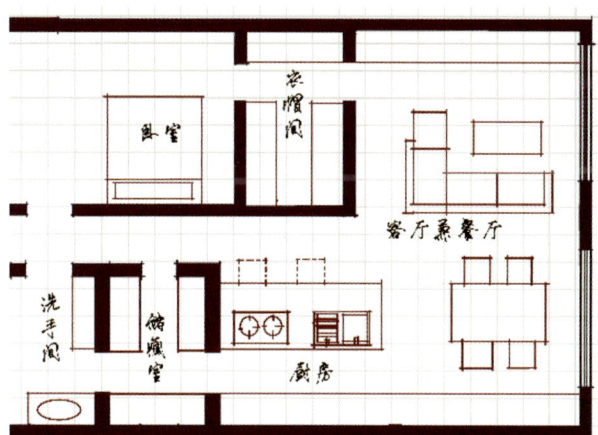

图 3-42　利用 LDK 一体成型的空间设计手法

◎ 进阶的空间规划

　　成长型空间的规划以儿童房为例，如图 3-43 ～图 3-45 所示。

　　可改造型空间的规划，以无障碍卫生间的改造为例，如图 3-46、图 3-47 所示。

住宅空间平面规划技巧

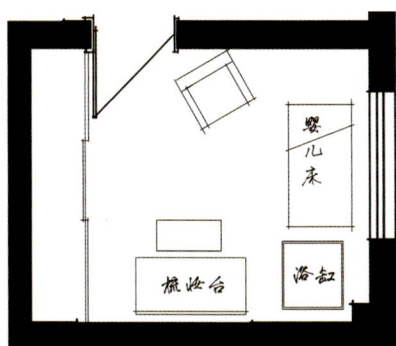

图 3-43　婴儿时期的儿童房

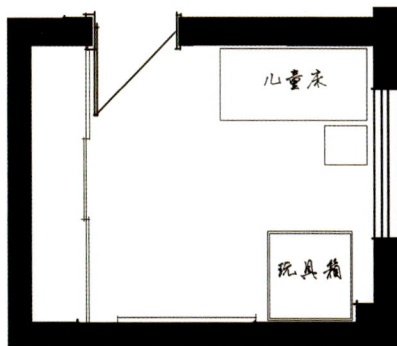

图 3-44　儿童时期的儿童房

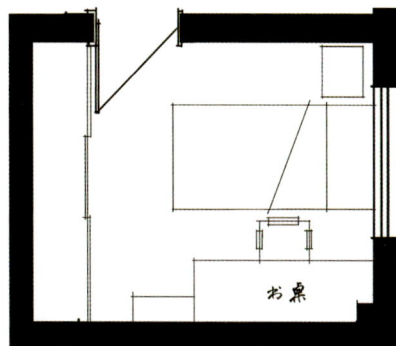

图 3-45　少年时期的儿童房

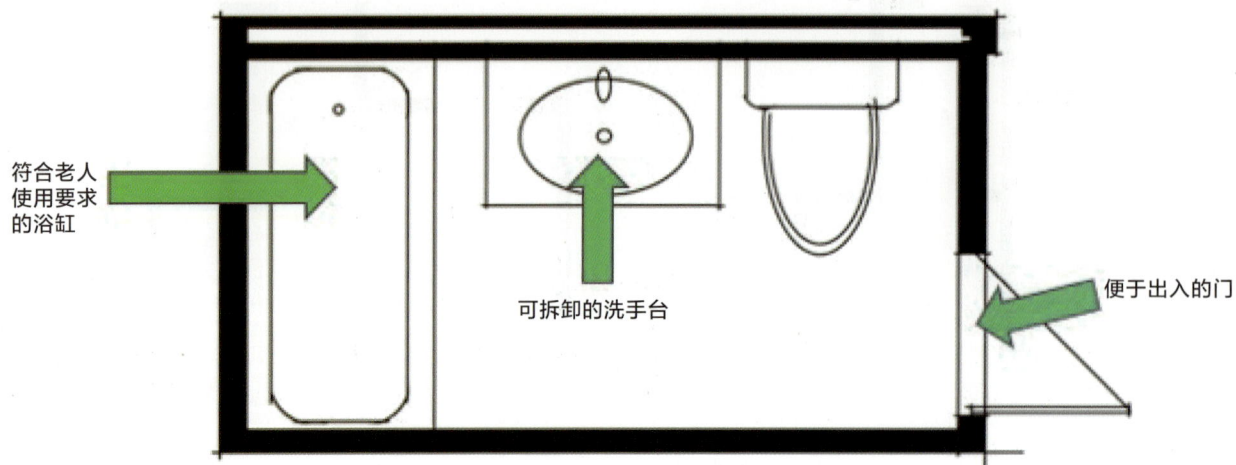

符合老人
使用要求
的浴缸

可拆卸的洗手台

便于出入的门

图 3-46　普通卫生间

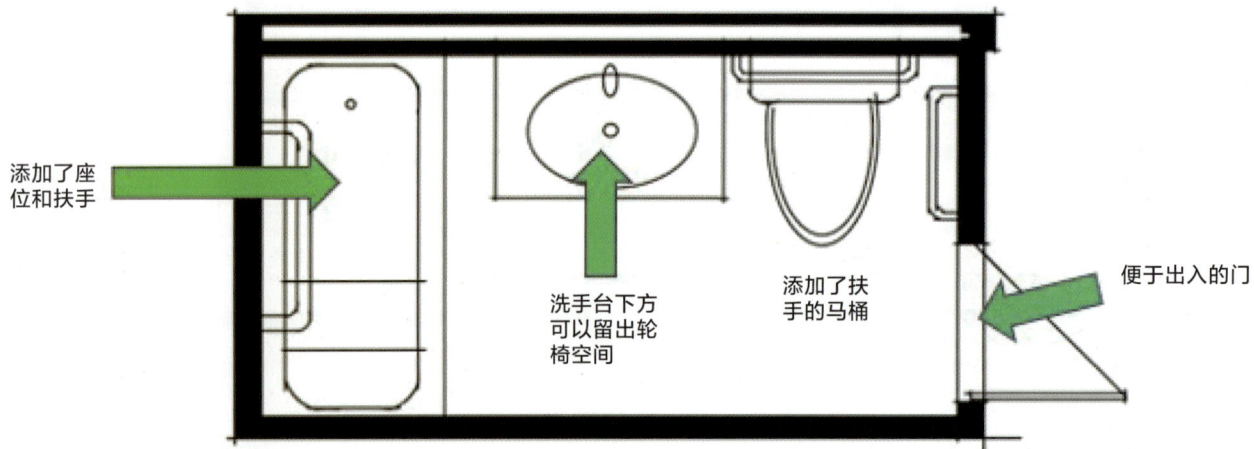

添加了座
位和扶手

洗手台下方
可以留出轮
椅空间

添加了扶
手的马桶

便于出入的门

图 3-47　无障碍卫生间

课后
思考

（1）简述空间的类型，并选择其中两种进行空间设计练习，要求画出平面图、立面图、透视图。

（2）空间的分隔方式有哪些？分析酒店大堂设计中虚拟空间的形成。

（3）中国传统建筑室内空间形体简单，但一系列的空间分隔使得室内空间变得丰富，并富于
变化。请参考具体案例分析其分隔空间的手法。

04

室内空间的界面

通过学习室内空间界面设计，学生能掌握界面设计的设计内容、设计要求、功能特点、室内不同界面的设计方法，常用装饰材料与室内界面设计，并通过设计实践，能够灵活运用所学知识，掌握室内界面的处理方法。

当我们进入室内，就会感到自己被建筑空间围护着。这种感觉来自室内空间的墙壁、地板和天花板限定的界面，室内界面围护空间，连接空间，标志着围合的空间品质。界面的形态、构造与窗户的形式以及门的开洞位置赋予室内空间以建筑品质。大厅、餐厅、书房、卧室和壁橱等空间的组合不仅具有空间大小和空间尺度，还体现采光质量和围护结构的性质，与邻近空间也有密切关系。

室内空间是由地面、墙面、顶面三部分围合起来的。这三部分确定了室内空间大小和空间形态，从而形成了室内空间环境。但是室内空间环境效果并不完全取决于室内界面，配套设施对室内空间环境也会产生很大影响，如隔断、楼梯、门窗、护栏、服务台、吧台等。因此，只有将这些室内空间界面的组成部分有机地结合起来，才能形成一个整体的、综合的空间环境（图 4-1）。同时，如何把握整体效果与局部的关系，也值得我们深思。本章的学习将有助于学生对室内空间界面设计的方方面面进行初步了解。

图 4-1　阿布扎比朱美拉清真寺内部界面装饰

室内空间界面设计内容、设计要求和功能特点

室内空间界面既是构成室内空间的物质元素，又是室内空间进行再创造的有形实体。它们的变化关系直接影响室内空间的分隔、联系、组织和艺术氛围的创造。因此，室内空间界面在室内设计中具有重要的作用。

室内空间划分之后，就要开始进行界面的处理，即进行室内空间界面设计。从狭义上来说，室内空间界面设计指的是围合成室内空间的三大界面（即地面、墙面、顶面）的形状、图案、色彩等方面的设计。从广义上来说，除了三大界面以外，还包括隔断、楼梯、门窗等附属设施的使用功能和特点的分析，界面的形状、色彩、图案、材料肌理的设计，界面和结构的连接构造，界面和风、水、电等管线设施的协调配合等。

4.1.1　室内空间界面设计的内容

室内空间界面包含围合成室内空间的底面（楼面、地面）、侧面（墙面、隔断）和顶面（平顶、天棚）。人们使用和感受室内空间能看到和触摸到的有形实体称为界面实体（图4-2）。

图4-2　上海某酒店的顶面为上层悬空宴会厅的底面

从室内设计的整体观念出发，我们必须把空间与界面有机地结合在一起来分析。在具体的设计进程中，不同阶段有不同的侧重点，例如在室内空间组织、平面布局基本确定以后，界面实体的设计就变得非常重要，它使空间设计变得更加丰富和完善。

在具体设计中，因为室内空间功能要求和环境气氛的要求不同，构思立意不同，材料、设备、施工工艺等技术条件不同，界面设计的表现内容和手法也多种多样。例如：表现技术美，强调外在表现设备、结构体系与构件构成关系（图4-3）；表现材质美，强调界面材料的质地与纹理；表现造型和光影美（图4-4），利用界面凹凸、镂空（图4-5）等形态变化与光影变化形成独特效果；表现色彩美，强调界面色彩、色彩构成关系、光色明暗冷暖设计以及强调界面图案设计（图4-6）与重点装饰等。

图4-3 结构顶的敞开（技术美）　　　图4-4 墙面材质的光影美　　　图4-5 界面镂空

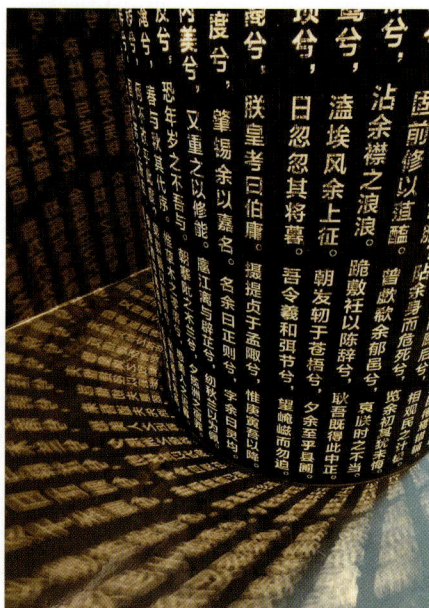

界面设计从构成角度可分为三部分：底界面设计——地面、楼面设计；侧界面设计——墙面、隔断设计；顶界面设计——顶棚、天花设计。从设计手法上界面主要分为界面造型设计、界面色彩设计、界面材料与质感设计。

此外，作为材料实体的界面，除了界面的造型、色彩与材质设计（包括材料的选用和构造）外，界面设计还需要与建筑室内的设施、设备协调，例如界面与风管尺寸及出风口、回风口的位置，界面与嵌入灯具或灯槽的设置，以及界面与消防、喷漆、报警、通信、音响、监控等设施的接口关系等。

4.1.2　室内空间界面的设计要求

室内空间设计时，底界面、侧界面、顶界面等的设计应满足安全、健康、实用、经济和美观的要求，具体如下。

（1）耐久性。材料要有较长的使用期限。

（2）阻燃性。现代室内设计要尽量避免使用易燃材料，避免使用燃烧时释放大量浓烟或有毒气体的材料。

图4-6 界面图案设计

（3）环保性。材料的有害物质散发的气体及触摸时的有害物质应低于核定剂量，对人体和环境无伤害。

（4）实用性。材料易于制作、安装和施工，便于更新，还应该具有必要的隔热、保温、隔声、吸声性能。

（5）美观性。室内界面的装饰要体现环境美和意境美。

（6）经济性。材料的档次和价格要符合经济要求，力求节约，以相对较低的经济投入取得较好的装饰效果。

4.1.3　室内空间各类界面的功能特点

室内空间由底界面、侧界面和顶界面三部分围合而成，界面确定了室内空间大小和空间形态，从而形成室内空间环境。

底界面（楼面、地面）：室内空间的底面。地面与人的关系最紧密。作为室内空间的平整基面，地面是室内空间设计的主要组成部分。因此，地面设计应根据功能区域划分明确，在具备实用功能的同时应给人以一定的审美感受和空间感受（图4-7）。地面应具有防滑、耐磨、易清洁、防静电等特点。

侧界面（墙面、隔断）：室内空间的墙面，包括隔断。墙面是室内外空间构成的重要部分，对控制空间序列、创造空间形象具有十分重要的作用（图4-8）。除了遮挡视线外，应满足较高的保温、隔热、隔声、吸声的要求。

图4-7　酒店大堂以地面材质变化区分功能区域

图4-8　居室设计中的墙面及隔断处理

顶界面（平顶、天棚）：室内空间的顶界面。一个顶面可以限定它与底面之间的空间范围。室内空间设计中，空间的上界面经常采用吊顶来界定和改造空间（图4-9）。在空间设计中，顶面非常活跃，为我们提供了丰富的顶面。在空间尺度上，较高的顶棚能产生庄重严肃的气氛，低顶棚设计能给人一种亲切感（图4-10），但太低又使人产生压抑感。好的顶面设计犹如空间上部的变奏音符，产生整体空间的节奏感与旋律感，给空间创造出艺术的氛围。室内空间的顶界面应满足质轻、光反射率高、保温、隔热、隔声、吸声等要求。

图4-9 吊顶界定空间

图4-10 低顶棚设计

4.2 室内空间不同界面的设计

4.2.1 底界面——地面设计

地面是指室内空间的底界面或底面，一般建筑上称为楼地面，包括楼面和地面。地面作为空间的底界面，也是以水平面形式出现的。由于地面需要承托家具、设备和人的活动，因而其显露的程度是有限的。从这个意义上讲，地面给人的影响要比顶棚小一些。但从另一角度看，地面又最先被人的视觉感知，所以它的形态、色彩、质地和图案将直接影响室内空间气氛。

1. 地面造型设计

地面一般有三种构成方式：水平地面、抬高地面和下沉地面。水平地面整体性比较强，在平面上没有明显高差，因此具有良好的空间连续性和空间模糊性。在具体的相邻空间中，地面采用不同的色彩或材质可增强识别性或领域感。抬高地面是指将空间中部分地面抬高，从而形成两个标高不同的空间，丰富了空间的层次（图4-11）。被抬高的空间在视觉上更加突出，成为整个空间的视觉焦点，所以具有明显的展示性和陈列性。例如教室中的讲台、舞厅中的舞台采用的都是这种处理手法。

下沉地面与抬高地面完全相反，是将空间中部分地面降低，用下沉的垂直面来限定不同的空间范围（图4-12）。这种空间能在很大程度上丰富空间的层次，并通过材质、质感、色彩等元素的处理增强空间的个性，使之与众不同。另外这种空间具有很强的保护性和内向性，常用来作为休息和会客场所。

另一种地面造型设计是通过地面图案设计来实现的。地面图案设计一般分为抽象几何形、具象植物和动物图案、主题式标志等（图4-13、图4-14）。地面的形态设计往往与空间、顶棚的形态相呼应，使主要空间的艺术效果更加突出。

图 4-11　抬高地面

图 4-12　下沉地面

图 4-13　地面拼花的造型设计一

图 4-14　地面拼花的造型设计二

2. 地面色彩设计

地面与墙面一样对其他物体起着衬托作用，同时又具有呼应和加强墙面色彩的作用，所以地面色彩应与墙面、家具的色调相协调。地面色彩通常应比墙面色彩稍深一些，可选用低彩度、含灰色成分较高的色彩，常用的色彩有暗红色、褐色、深褐色、米黄色、木色以及各种浅灰色和灰色等。在运用这些色彩时要注意选择较低的彩度。

3. 地面光艺术设计

在地面设计中，有时可利用光的处理手法来取得独特的效果。在地面下方设置灯光或配置地灯，既丰富了视觉感受，又可起引导作用。地面的光设置除了导向作用外，还能作为地面的装饰图案（图 4-15）。

图 4-15　踢脚线与光带结合

4. 地面材质设计

地面一般选用比较耐磨、结实、便于清洗的材料，如天然石材（花岗石、鹅卵石）、水磨石、毛石、地砖等，也可选用大理石、木地板或地毯等高规格材料。木地板因其特有的自然纹理和表面的光洁处理，不仅视觉效果好，而且显得雅致、有情调（图 4-16）。花岗石地板因其材质均匀，色差小，能形成统一的整体效果，经过巧妙构思，往往能取得理想的效果（图 4-17）。地砖铺地变化较少，但通过图案设计和色彩搭配能取得较好的效果（图 4-18）。鹅卵石地面经过拼贴组合，再加上其本身的自然特性，可以营造室内空间的特色气氛。此外，地面设计除采用同种材料变化之外，也可用两种或多种材料组合，既可以此来界定不同的功能空间，同时又使地面有了变化。

图 4-16　木地板

图 4-17　花岗石地板

图 4-18　地砖

4.2.2 顶界面——顶棚设计

顶面是指室内空间的顶界面，也称为天花板。顶面是室内空间装饰中富有变化、引人注目的界面，透视感较强，利用不同的处理方法和不同的灯具造型，更能增强空间的感染力，使顶面造型丰富多彩，新颖美观。

顶棚作为空间的顶界面，最能反映空间的形态及关系。设计者应根据空间的构思立意，综合考虑建筑的结构形式、设备要求、技术条件等，来确定顶棚的形式和处理手法。顶棚作为水平界定空间的实体，对界定、强化空间形态、范围及各部分空间关系有重要作用。另外，顶棚位于空间上部，具有位置高、不受遮挡、透视感强、引人注目的特点，因此对顶棚的艺术处理可以达到突出重点，增强空间方向感、秩序与序列感等艺术效果的作用。

顶棚的处理随空间特点的不同有各式各样的处理手法。从结构关系的角度，顶棚一般分为显露结构式、半显露结构式、掩盖结构式。其中，后两种形式主要通过吊顶设计来完成。前两种顶棚形式与后一种顶棚形式相比，既节约材料和资金，又可以达到美观和环保的效果，因此得到广泛使用。总之，顶棚设计，特别是吊顶设计，往往糅合了造型、色彩、材质等多种设计手法，具体归纳如下。

（1）显露结构式顶棚。这种顶棚采用完全暴露空间结构和设备的做法。近现代建筑所运用的新型结构，有的造型独特，如壳体、穹隆、膜结构等形式可以塑造形态丰富多变的顶棚；有的轻巧美观，如网架结构形式，即使不加任何处理，也可以成为很美的顶棚（图 4-19）。

（2）半显露结构式顶棚。在条件允许的情况下，顶棚设计应当和结构（设备）巧妙地结合，在重点空间上部或需遮挡设备等部位做部分吊顶（图 4-20）。

（3）掩盖结构式顶棚。采用完全吊顶的顶棚处理方式，吊顶形式丰富多样（图 4-21）。

① 造型角度。

从造型角度分类，吊顶有平顶、穹顶、井格式、吊顶外凸和内凹及图案装饰式等。有的顶棚与墙面形成整体式设计方法（图 4-22、图 4-23）；有的顶棚采用一定的主题或几何形态的手法，其中造型和图案在其他界面一般都有所呼应或重复；有的顶棚以灯具作为顶面造型手段。

图 4-19 显露结构式顶棚

图 4-20 半显露结构式顶棚

图 4-21　掩盖结构式顶棚

图 4-22　顶棚与墙面形成整体式设计（例一）

图 4-23　顶棚与墙面形成整体式设计（例二）

② 光角度。

从光的角度分类，顶棚分为具有自然采光功能的顶棚和通过照明手段形成的发光顶棚。前者通过各种形式的天窗使室内空间明亮、开朗，光影变化丰富，同时还能节约能源（图4-24），后者除了满足照明要求外，还可以突出主题、烘托气氛，同时灯具形式也是顶棚造型的重要手段（图4-25）。

图4-24　自然采光功能的顶棚

图4-25　通过照明手段形成的发光顶棚

③ 色彩角度。

色彩对人的心理影响很大，处理室内空间界面时尤其不容忽视。

一般地讲，暖色可以使人产生紧张、热烈、兴奋等情绪，而冷色则使人产生安定、幽雅、宁静等情绪。暖色使人感到膨胀和靠近，冷色使人感到收缩和后退。因此，两个大小相同的房间，着暖色的会显得小，着冷色的则显得大。

不同明度的色彩，也会使人产生不同的感觉。明度高的色调使人感到明快、兴奋，明度低的色调使人感到压抑、沉闷。

此外，色彩的深浅不同，给人的重量感也不同。浅色给人的感觉轻，深色给人的感觉重。因此室内空间色彩一般多遵循上浅下深的原则来处理，自上而下，顶棚最浅，墙面稍深，护墙更深，踢脚板与地面最深，这样上轻下重的空间稳定感好。

另外，顶棚起反射光线的作用，一般顶棚色彩在室内色彩中明度最高。因此，顶棚大多用白色、淡蓝色、淡黄色等色彩（图4-26）。但在某种情况下为营造气氛，也可采取与上述相反的做法，即顶棚用低明度、较深的色彩。例如有的酒吧、舞厅等娱乐场所往往采用这种处理方法（图 4-27）。色彩深重的顶棚和地面使空间形成暗背景，衬托明亮的吧台区（图 4-28）。

图 4-26　顶棚用高明度色彩

图 4-27　顶棚用低明度色彩

图 4-28　顶棚和地面色彩深重

④ 材质角度。

任何一种材料都具有与众不同的特殊质感。材料的质感可以归纳为坚硬与柔软、粗犷与细腻、粗糙与光滑、温暖与寒冷、华丽与朴素、沉重与轻巧等。传统天然的材料如木、竹、藤、布艺等给人以朴素、温暖、亲切感，人工材料如铁、钢、铝合金、玻璃等则简洁明快、精致细腻，能产生机械美、几何美，也往往很有秩序感。不同质的材料给人的感受也不一样。如平整光滑的大理石给人整洁、精密的感受，全反射的镜面不锈钢给人精密、高科技的感受，纹理清晰的木材给人自然、亲切的感受。因此，顶棚应充分考虑空间功能要求，根据材料的特性，选择合适的材料进行设计。从材料的生成方式分类，顶棚可分为体现传统自然材质的田园式顶棚和体现现代材料技术、人工材质的现代式顶棚。从材质的质感角度分类，顶棚又可分为软质顶棚和硬质顶棚。软质顶棚主要指用布艺等质感柔软的材料作为顶棚或吊顶装饰材料（图4-29），硬质顶棚选用的材料质感坚硬、造型硬朗（图4-30）。

（4）顶棚与结构、相关设备。

室内空间的结构体系、楼面的板厚、梁高、风管的断面尺寸以及水电管线的走向和铺设要求等，都是组织室内空间时必须考虑的。在设计顶棚时，有些设施如风管、水管在空间顶面楼板或梁下面铺设的，吊顶只能做在设备下方。因此，吊顶形式和做法受室内空间的竖向尺寸的制约。此外，顶面设计还要考虑与设在顶面的出风口、回风口位置，嵌入灯具或灯槽的设置，以及与消防喷淋、报警、通信、音响、监控等设施的接口关系（图4-31）。

图4-29　泰国芭堤雅希尔顿酒店大堂的布幔顶棚

图 4-30　硬质顶棚

图 4-31　顶面的各种设备

4.2.3　侧界面——墙面、隔断的设计

侧界面一般是指室内空间的墙面及竖向隔断等，往往是在人的视线中占比最大，是空间中最活跃、视觉感觉最强烈的部分。侧界面在空间中具有很强的限定性，而限定性的大小取决于墙面的高度。当高度小于 60 cm 时，基本上无围合感，两个空间是连续的整体；当高度达到 150 cm 时，限定空间的程度增强，开始有围合感，但仍保持其连续性；当高度升到 200 cm 以上时，两个空间失去连续性，划分为完全不同的空间。

1. 墙面设计

墙面作为围合空间的侧界面，是以垂直面的形式出现的，对人的视觉影响至关重要。在墙面处理中，大至门窗，小至灯具、通风孔洞、线脚、细部装饰等，只有作为整体的一部分而互相有机地联系在一起，才能获得完整统一的效果。

（1）墙面造型设计。

墙面造型设计最重要的是虚实关系的处理。一般门窗、镂窗为虚，墙面为实，因此门窗与墙面形状、大小的对比和变化往往决定墙面形态设计的成败。墙面造型设计应根据每一面墙的特点，或以虚为主，虚中有实，或以实为主，实中有虚，应尽量避免虚实各半、平均分布的设计方法。同时，还应当把门、窗纳入墙面的竖向分格或横向分格的体系中，这样可以削弱其孤立感，同时也有助于建立一种秩序感。

实际应用中，可以通过墙面图案的处理来进行墙面造型设计。可以对墙面进行分格处理，使墙面图案肌理产生变化（图 4-32）；或采用壁画、绘有各种图案的墙纸和面砖等手段丰富墙面设计（图 4-33）；还可以通过几何形体在墙面上的组合构图、凹凸变化，构成具有立体效果的墙面装饰（图 4-34）；有时整面墙用绘画手段处理，效果独特，装饰绘画内容合适，内涵丰富的，既丰富了视觉感受，又能在一定程度上强化主题思想。

图 4-32　分格处理的墙面图案

图 4-33　用面砖丰富墙面设计

图 4-34　几何形体的墙面图案

另外，墙面造型设计还应当正确地显示空间的尺度和方向感，不恰当的虚实对比关系、墙面分格形式、肌理尺度，都会让人产生错觉，并歪曲空间的尺度感和方向感。在一般情况下，低矮空间的墙面多适合采用竖向分割的处理方法（图4-35），高耸空间的墙面适合采用横向分割的处理方法，这样可以从视觉心理上改变空间高度（图4-36）。此外，横向分割的墙面常具有水平方向感和安定感，竖向分割的墙面则使人产生垂直方向感、兴奋感和高耸感。

图4-35 竖向分割墙面

图4-36 横向分割墙面

（2）墙面的光设计。

光作为墙面的装饰要素，将使墙面和墙面围合的空间环境独具魅力（图4-37、图4-38）。一是通过在墙面不同部位设不同形态的洞口或窗户，把自然光或新鲜空气引入。室内的光影随着时光缓缓移动，像一种迷离的舞蹈。光与色彩、空间、墙体奇妙地交错在一起，形成墙面、空间的虚实、明暗和光影形态变化。同时室外空间在视觉上流畅，人们能够观赏室外景观。二是通过墙面人工照明设计，营造空间特有的气氛。

图4-37 自然采光与人工光源在墙面上产生的不同光影（例一）

图4-38 自然采光与人工光源在墙面上产生的不同光影（例二）

（3）墙面的材质设计。

合理使用和搭配装饰材料，使墙面富有特点、富于变化。采用木材装饰墙面（图4-39），取得很好的效果。

（4）墙面的色彩设计。

墙面在室内占最大面积，其色彩往往构成室内空间的基本色调，其他部分的色彩都要受其约束。墙面色彩通常也是室内物体的背景色，一般采用低彩度、高明度的色彩。这样处理不易使人产生视觉疲劳，同时可提高与家具色调的协调性，对于有特殊功能的房间，如医院、幼儿园等，应根据功能需要采用恰当的色彩。设计墙面色彩时应考虑房间朝向、气候等条件，同时还应与建筑外部的色彩相协调，忌用建筑外环境色调的补色。例如室外有大片红墙面，室内墙面不宜用绿色和蓝色；如室外为大片绿荫，室内就不宜用

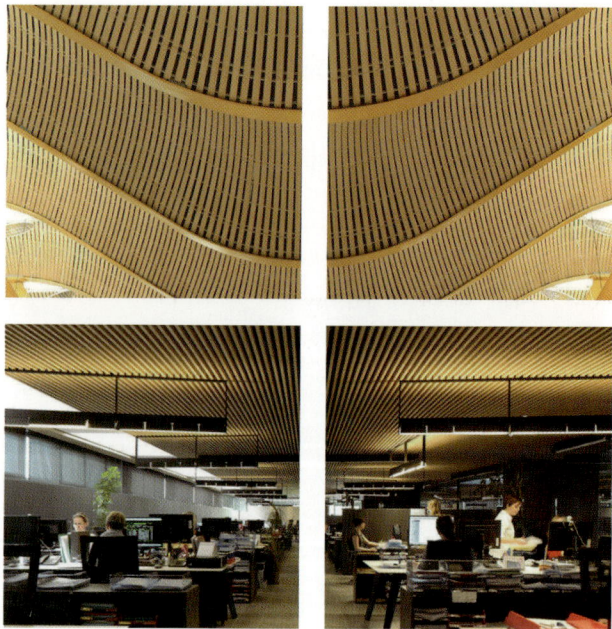

图4-39　木材装饰墙面

红色和橙色。墙裙的色彩一般应比上部墙的明度低。踢脚线应与墙或墙裙同一色相，但明度要低于墙裙，并且要和地面区别开。当然也有例外的时候，一些商业娱乐场所为了渲染气氛，墙面用色往往比较浓重，强调对比（图4-40）。

图4-40　商业娱乐场所墙面装饰

2. 隔断

室内设计中，往往需要隔断分隔空间和围合空间。隔断比用地面高差变化或顶棚造型变化来限定空间更实用和灵活，因为它可以脱离建筑结构自由变动、组合。隔断除具有划分空间的作用外，还能增加空间的层次感，组织人流路线，增加空间中可依托的边界等。

隔断从形式上可分为固定隔断和活动隔断。固定隔断又可分为实心固定隔断和镂空式固定隔断。实心固定隔断划分空间，被围合的空间更有私密性；镂空通透的网状隔断使空间分中有合，层次丰富。隔断从材料上可分为石材砌筑隔断、玻璃隔断（图4-41）、木装饰隔断和布艺隔断等。活动隔断如屏风、兼有使用功能的家具以及可搬动的绿植等（图4-42）。

此外，墙面设计还应综合考虑多种因素，如墙体的结构、造型和墙面上所依附的设备等，更重要的是，应自始至终把整体空间构思、立意贯穿其中；然后动用一切造型因素，如点、线、面、色彩、材质，选择适当的手法，使墙面设计合理、美观，同时呼应及强化主题。

室内装饰材料是指用于建筑内部墙面、顶棚、柱面、地面等的罩面材料。现代室内装饰材料不仅能改善室内环境，同时还兼有防潮、防火、吸声等多种功能。这里列举三大界面常用的装饰材料，讲解这些材料在界面设计中的用途及装饰特点。

图4-41　玻璃隔断

图4-42　绿植隔断

4.3 常用室内装饰材料与室内环境界面设计

4.3.1 石材

石材是一种古老的建筑材料，它从建筑的基础材料、结构材料发展到装饰材料，这与它自身所具有的特性是分不开的。

石材是以天然岩石为主要原材料经加工制作并用于建筑、装饰、碑石、工艺品或路面等的装饰中，石材包括天然石材和人造石材。

天然石材是经选择和加工的特殊尺寸或形状的天然岩石，按照材质可分为大理石花岗石、石灰石、砂岩、板石等；按照用途可分为天然建筑材料和天然装饰材料。

人造石材是人为采取各种不同方式模仿天然石材的形成特点及其物理、化学特性与使用性能而人工制作的材料。

石材由于体量较重，不适合应用于顶面的装饰，所以从室内的地面、墙面、台面、柱面几个方面来介绍石材。

1. 地面装饰

石材的室内地面装饰有简单的石材铺贴、对拼等，也有复杂工序的石材拼花地面。

石材铺贴在室内地面铺设讲究颜色和纹理的装饰。在公共空间，通常要求颜色柔和、明快、富丽堂皇，或有古朴自然的格调。尤其是宾馆酒店，室内用材追求富丽堂皇，所以一般采用暖色调的花岗岩或大理石，即采用颜色比较深的花岗岩，如印度红、南非红等，或者用黄色的大理石，如米黄或者安娜米黄等。

写字楼的风格讲究简洁明快，私家建筑风格简朴，室内地面可采用小面积的石材铺设。要根据空间的大小合理地进行平面的划分，从而使整个平面更有个性化（图4-43）。

在公共建筑中，不同颜色和材质的石材给人不同的视觉感受和情调。就地面石材的大面积分割而言，通常采用方形的规格，这样能使整个平面显得大方和稳重（图4-44）。

石材拼花装饰地面应根据不同的场所、不同的面积和不同的空间环境设计，此外还要考虑石材的品种和规格。

通常，考虑到施工的方便性和成本，石材拼花装饰设计可以利用现有的石材来构成一些简明、有序的简单图案。有时为了衬托周围的环境，突出石材拼花图案的高雅艺术风格和民族特色，可以采取各种曲线和折线构成较复杂的图形（图4-45）。地面拼花装饰可以使石材的天然质感和色感完美地表现出来，材质与色泽的巧妙搭配更能表现高贵、典雅的风格。

2. 墙面装饰

在住宅室内空间设计中，人们在装修时常常希望能够设计出体现文化特征、展现材质纹理的效果，并与户外环境形成对比。比如温馨、精致的墙面装饰效果常常是人们所追求的，特别适用于电视背景墙的装饰（图4-46、图4-47）。背景墙是室内装饰的亮点，以大理石的天然纹理进行二次艺术创作，展现的是设计师与石材人的匠心（图4-48）。

3. 台面装饰

为了提高室内的采光效果和扩大室内的活动空间，飘窗如今十分受欢迎。飘窗作为建筑的一部分，它既是室内采光通风的一个窗口，也是人们与外界环境的一个过渡空间，因此飘窗的装饰是设计师不能忽视的（图4-49、

图 4-43　石材地面一

图 4-44　石材地面二

图 4-45　石材地面三

图 4-46　墙面装饰

图 4-47　电视背景墙

图 4-48　石材墙面

图 4-50）。飘窗装饰设计不仅要美观、大方，而且线条要富于变化，这样才能在室内空间中起到美的效果。相对于其他材料，安装一块表面光滑、色泽美丽和纹理自然的大理石是一个比较好的选择。这样不仅装饰了局部环境，还使室内环境显得高贵华丽。

餐桌、厨房灶台等也非常适合用石材作为台面（图 4-51 ～图 4-53）。

4. 柱面装饰

在现代大型建筑中，柱子在建筑中起到承重作用。同样，作为室内界面的一部分，柱面装饰也是必不可少的。用石材来装饰水泥柱，美化室内环境，这种视觉效果自然又美观（图 4-54）。

图 4-49　石材飘窗一

图 4-50　石材飘窗二

图 4-51　石材台面一

图 4-52　石材台面二

图 4-53　石材台面三

4.3.2 木材

木材按树种分为阔叶树和针叶树，按用途可分为原条、原木和锯材，按硬度可分为硬木、软木。由于木材肌理丰富多样，具有较好的弹性、韧性，易于加工等，在建筑装饰工程中得到了广泛的应用。（图 4-55）

各种木质装饰夹板、木质地板、木材装饰线等都具有良好的装饰效果。

1. 木质装饰夹板

木质装饰夹板是表面具有肌理、纹样美丽的木质三夹板，如榉木、柚木、红檀、沙贝利、红胡桃、白橡、红影等（图 4-56、图 4-57)。

图 4-54　石材柱面　　　　图 4-55　木材装饰

2. 木质地板

木质地板种类繁多，具有优美的纹理及良好的弹性。

木质地板按木材形状可分为条形地板和拼花地板。

（1）条形木地板。条形木地板是长条形的木质板材，宽度 90 ～ 120 mm，长度有 600 mm、750 mm、900 mm、1200 mm 等，厚度 20 ～ 30 mm。条形木地板有企口、平口式样。平口是上下、左右平齐的条木（图 4-58）；企口是用机器设备将木条四周断面加工成榫槽状，拼装端头的接缝相互错开，用钉子固定安装。

（2）拼花木地板。将几块短条形木板按一定图案拼装的板材，边长为 250 ～ 400 mm，板厚 20 mm。拼花地板对地面平整度要求较高，否则会出现翘曲的现象。

木质地板按质地分为硬木地板、软木地板。

（1）硬木地板。硬木地板是指用阔叶树材制作的地板，地板木质坚硬、纹理细腻、耐磨性好。制作地板使用的硬木有柚木、水曲柳、核桃木、龙眼、檀木、桦木等。硬木地板广泛运用在宾馆、酒店、体育馆、会议室、家居等地面装饰中。

（2）软木地板。软木地板是指用针叶树木材制作的地板，木质较软，耐磨性差。制作地板使用的树种有杉木、松木、柏木等。软木地板主要运用在室内装饰工程的地面装饰或作为饰面板的基础材料（图 4-59 ）。

图 4-56 木质装饰夹板一

图 4-57 木质装饰夹板二

图 4-58 条形木地板

3. 木材装饰线

木材装饰线是用纹理美丽的各种树种木材按一定的设计图案加工而成的。按使用部位不同，木材装饰线有阴角线、阳角线、平线、门套线、档门线、踢脚线等，主要用于家具、墙面、地面、顶棚等需衔接收口的部位，线条可根据建筑物的装饰效果自由设计、定制（图 4-60）。

4.3.3 涂料

涂料作为一种装修材料，在家庭装饰中较为常见，在墙面上使用的涂料一般有乳胶漆、硅藻泥、艺术涂料等。

1. 乳胶漆

乳胶漆是以合成树脂乳液为基料加入颜料、填料及各种助剂配制而成的一类水性涂料，是有机涂料的一种。乳胶漆颜色众多且可调制，根据光泽效果又可分为无光、哑光、半光等类型。乳胶漆作为一种应用广泛的墙面装饰材料，具有迅速成形、施工简单、工期短、透气性优良等优点。

2. 硅藻泥

硅藻泥主要由纯天然无机材料组成，是绿色环保涂料。硅藻泥饰面肌理丰富，质感生动真实，防火阻燃，相比乳胶漆，还具有调节湿度、防火阻燃、吸音降噪等功能。但硅藻泥产品本身也是有缺陷的，主要表现在耐水性差、不耐擦洗、硬度不足等。

3. 艺术涂料

艺术涂料是一种新型的墙面装饰艺术漆，它具有环保、防水、防尘、防燃等功能。优质艺术涂料可洗刷，耐擦洗，色彩历久常新。艺术涂料也有诸多分类，例如仿大理石漆、壁纸漆、肌理漆、金属漆等，能根据需要打造出不同的效果。但艺术涂料整体价格偏高，施工难度也更大，后期效果跟施工有极大的关系，且修复性也较差。

图 4-59 软木地板

图 4-60 木材装饰线

4.3.4　壁纸、墙布

1. 壁纸

壁纸也称为墙纸，是室内墙面常用的一种装修材料，具有风格色彩多样、图案丰富、施工方便、价格适宜等优点。壁纸也有很多不同的类型，如纯纸壁纸、无纺布壁纸、胶面壁纸等。同时壁纸有易脱层、不耐擦洗、易褪色等缺点，还有人会担心壁纸黏合后的环保性。

2. 墙布

墙布又称壁布，一般用棉布为底布，并在底布上施以印花或轧纹浮雕。墙布具有视觉舒适、触感柔和、亲和性佳、护墙耐磨等优点，而比起壁纸，墙布在质感上更胜一筹，同时价格也稍高。

特别提示

随着人们对室内设计中环保问题的重视，国家相关部门颁布如下标准。

《室内装饰装修材料人造板及其制品中甲醛释放限量》（GB 18580—2017）；

《室内装饰装修材料溶剂型木器涂料中有害物质限量》（GB 18581—2020）；

《室内装饰装修材料建筑用墙面涂料中有害物质限量》（GB 18582—2020）；

《室内装饰装修材料胶粘剂中有害物质限量》（GB 18583—2008）；

《室内装饰装修材料木家具中有害物质限量》（GB 18584—2001）；

《室内装饰装修材料壁纸中有害物质限量》（GB 18585—2001）；

《室内装饰装修材料聚氯乙烯卷材地板中有害物质限量》（GB 18586—2001）；

《室内装饰装修材料地毯、地毯衬垫及地毯用胶粘剂中有害物质释放限量》（GB 18587—2001）；

《室内装饰装修材料混凝土外加剂中释放氨的限量》（GB 18588—2001）；

《建筑材料放射性核素限量》（GB 6566—2010）。

课后思考

1. 对于层高比较低的空间，如何进行顶面构成的设计？

2. 阅读图 4-61 所示的咖啡馆设计，做界面分析，并写出分析报告。内容包括色彩的应用、空间分隔形式及光影处理等。

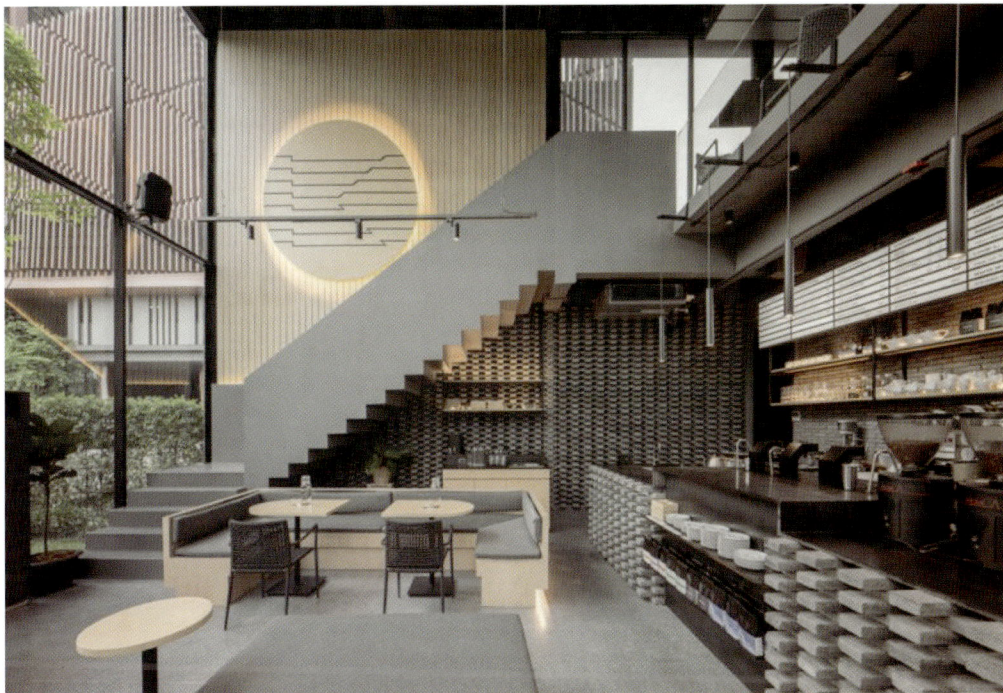

图 4-61　某咖啡馆室内设计

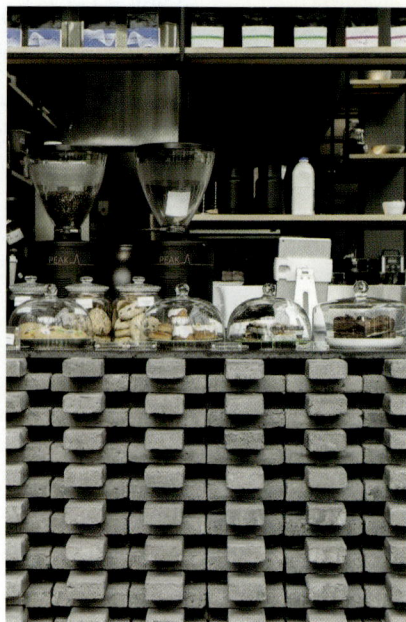

续图 4-61

拓展训练

◎ 电视背景墙设计

1. 任务分析

家居设计中客厅电视背景墙设计是重中之重。它不仅是整个居室风格的浓缩，更能在相当程度上反映设计师的水平。电视背景墙材质选择、配色、装饰方案等反映出业主的文化品位，是业主最关心的问题。这次训练使学生对室内空间界面设计有更深的了解和把握，能够灵活运用界面设计的原则和技巧。

2. 任务概述

假定有一面高 3 m、宽 4 m 的电视背景墙。根据你喜欢的设计风格，设计两种风格不同的方案。

3. 任务要求

风格明确，设计元素运用合理，色彩协调统一。在 A3 纸上绘制，附不少于 300 字的设计说明。

05
室内设计中的色彩

了解室内色彩的基本要求，掌握室内色彩设计方法，能结合流行元素，为室内空间创造出不同的设计风格和绚丽多彩的环境氛围。建立与实践操作能力相结合的训练体系，培养学生的实际工作能力和审美能力。

色彩，它不是一个抽象的概念，它和室内每一个物体的材料、质地紧密地联系在一起。人们在绿色的田野里，即使在很远的地方，也很容易发现穿红色服装的人，虽然不能辨别是男是女，是老是少，但也充分说明色彩具有强烈的信号，给人深刻的第一印象。当我们在五彩缤纷的大厅里举行联欢活动时，现场充满节日的气氛。当我们在游山玩水的时候，若不巧遇上阴天，面对灰暗的景色会觉得扫兴。这些都表明，色彩能影响人的感受。

请以图 5-1、图 5-2 为例说明室内色彩对人产生的心理影响还有哪些。

图 5-1　以红色为主调的空间

图 5-2　以黄色为主调的空间

5.1 室内设计中色彩的属性

5.1.1 色彩的来源

光是一切物体的颜色的唯一来源，它是一种电磁波的能量，称为光波。光波波长在 380 ~ 780 nm，人可察觉到的光称为可见光。可见光在电磁波中只占极小的一部分。光刺激人的视网膜形成色觉，因此我们通常见到的物体颜色是物体的反射颜色。在物体表面，反射光的某种波长比其他的波长要长得多。这个反射得最长的波长，通常称为该物体的色彩。物体表面的颜色主要是从入射光中减去被吸收、透射的一些波长而产生的，因此人感知到的颜色主要取决于物体光波反射率和光源的发射光谱。

5.1.2 色彩的三属性

色彩具有三属性（图 5-3），或称色彩三要素，即色相、明度和纯度。这三者在任何一个物体上都是同时显示出来的，不可分离。

1. 色相

色相即色彩所呈现的相貌，如红、橙、黄、绿等，色彩之所以不同，决定于光波波长的长短。色相通常以循环的色相环表示（图 5-4）。

2. 明度

明度表明色彩的明暗程度。明度与光波的波幅有关，波幅越大，亮度也越大。通常从黑色到白色分成若干阶段作为衡量明度的尺度，接近白色的明度高，接近黑色的明度低。

3. 纯度

纯度即色彩的强弱程度，或色彩的饱和程度，因此，纯度有时也称为色彩的彩度或饱和度。纯度决定于所含波长是单一性还是复合性。单一波长的颜色纯度高，色彩鲜明，混入其他波长时，纯度就降低。在同一色相中，纯度最高的色称该色的纯色，色相环一般均用纯色表示。

图 5-3 色彩三属性

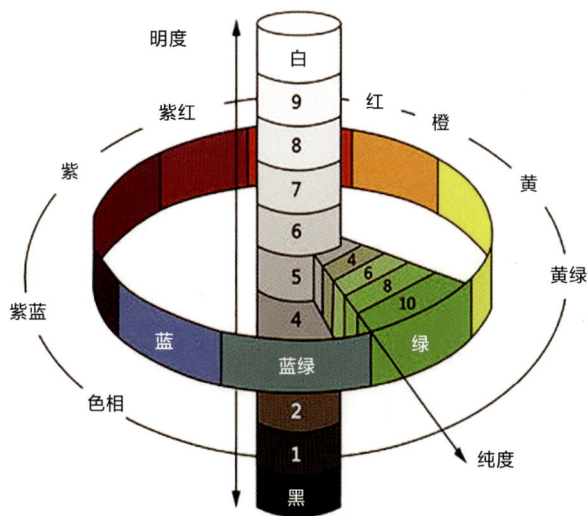

图 5-4 色相环

5.1.3　色彩的混合

1. 原色

红、黄、青称为三原色，因为这三种颜色在感觉上不能再分割，也不能用其他颜色来调配。蓝色不是原色，因为蓝色就是青紫色，蓝色有红色的成分，而其他色彩不能调制成青色，因此青才是原色。

2. 间色

间色又称二次色，由两种原色调制，共三种：红＋黄＝橙，红＋青＝紫，黄＋青＝绿。

3. 复色

由两种间色调制成的色称为复色。橙＋紫＝橙紫，橙＋绿＝橙绿，紫＋绿＝紫绿。

4. 补色

在三原色中，其中两种原色调制成的色（间色）与另一原色互称为补色或对比色，即红与绿、黄与紫、青与橙为补色。这里应说明的是，颜料的混合称减色混合，而光混合称加色混合，因为光混合是不同波长的重叠，每一种色光本身的波长并未消失。三原色混合成黑色，光色混合成白色。黄色光＋青色光＝灰色或白色，黄颜料＋青颜料＝绿色。此外，纯色加白色称为清色，纯色加黑色称为暗色，纯色加灰色称为浊色。

5.1.4　色彩的对比

色彩的对比是指两个或两个以上的色彩放在一起时，由于相互间的影响而呈现出差别的现象。色彩对比有两种情形。

一种是同时看到两种色彩时所产生的对比叫同时对比。另一种是先看了某种颜色，然后接着看另外一种颜色时产生的对比，叫连续对比，连续对比只对第二色发生单向性作用。如先看了红色再看黄色，就感觉黄色带有绿色。这是因为先看到颜色的补色的残像，被下意识地加到后面物体上。我们有这样的生活经验：先看鲜艳的色彩，后看灰色，后看的灰色就显得更灰；先看灰色，后看鲜艳的色彩，后看的色彩就会显得更鲜艳。总之，后看的色彩感受更强烈。

除了同时对比和连续对比之外，色彩对比还有以下情况。

色相对比：当相同纯度和相同明度的橙色分别与黄色和红色对比时，与黄色在一起的橙色显得更红，而与红色在一起的橙色显得更黄（图5-5）。

明度对比：当相同明度的灰色分别与黑色和白色同时对比时，与黑色并置在一起的灰色显得亮一些，而与白色并置在一起的灰色显得暗一些（图5-6）。

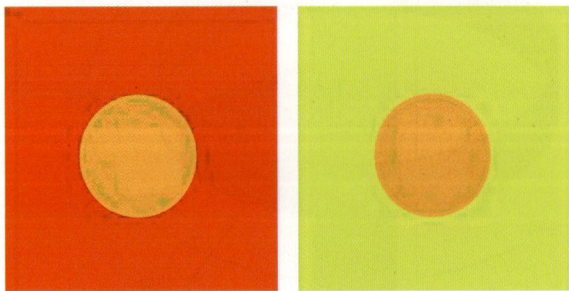

图 5-5　色相对比　　　　　　　　　　　　　　　图 5-6　明度对比

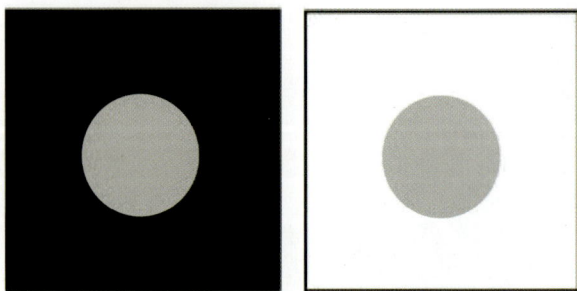

纯度对比：当无彩色系的灰色与鲜艳的色彩对比时，灰色就会显得更灰，艳色显得更加鲜艳（图5-7）。

冷暖对比：当暖色与冷色对比时，暖色就会显得更加暖，冷色显得更冷（图5-8）。

面积对比：面积不同的色彩配置在一起，面积大的色彩容易形成调子，面积小的容易突出，形成点缀色。

图 5-7　纯度对比

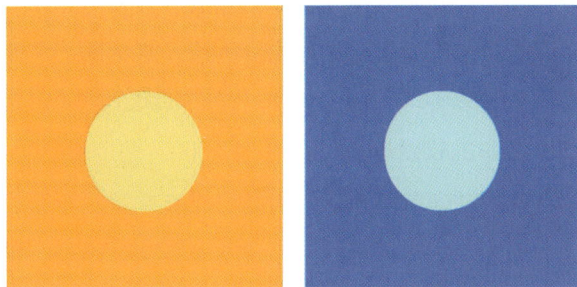

图 5-8　冷暖对比

5.2　室内设计中色彩的表情

5.2.1　色彩的感知

　　色彩是一个非常丰富的世界，不同的色彩有不同的性质和特征，这些性质在室内设计中有很好的运用前景。

1.色彩的冷暖感

　　色彩本身是没有温度的，但是人们根据自身的生活经验产生联想，使色彩能给人以冷暖的感觉。通常人们看到暖色系的色彩，就联想到火焰、阳光（图5-9），有温暖的感觉；看到冷色系的色彩，就联想到寒冬、夜空、大海、绿荫，有凉爽、冷静的感觉。暖色系与冷色系的划分是以色相为基础的。在色相环中，红色、黄橙色为暖色调，黄绿色、红紫色为中性微暖色调；蓝色、蓝绿色、紫色等为冷色调，绿色、紫色为中性微冷色调。

　　各种色彩都有冷暖倾向，如当中性的绿色偏蓝色，变为蓝绿色时给人冷的感觉，如图5-10所示。当中性的绿色偏黄色，如橄榄绿或黄绿色给人温暖的感觉。红色在偏蓝色时为紫红，虽然处在红色系，但给人冷的感觉，大红比朱红冷，蓝紫色比钴蓝色暖，钴蓝色比湖蓝色更暖。

图 5-9　暖色调

　　无彩色给人的冷暖感也不同：白色偏冷，因为它反射所有色光；黑色偏暖，因为黑色吸收所有色光；灰色是中性色，当它与纯度较高的颜色放在一起时，就会有冷暖的差别。灰色与黄色放在一起，灰色会显得冷；灰色与蓝色对比，灰色就会显得暖。总之，色彩的冷或暖是相对而言的。

2. 色彩的轻重感

色彩的轻重感是人的心理感觉。白色的物体让人感到轻，有轻柔、飘逸的感觉，会使人联想到棉花、轻纱、薄雾；黑色使人联想到金属、黑夜，具有沉重感。明度高的色彩轻快、爽朗；而明度低的色彩稳重、厚实。明度相同时，纯度高的颜色给人感觉重，纯度低的颜色给人感觉轻；纯度高的暖色具有重感，纯度低的冷色给人轻的感觉。

3. 色彩的软硬感

色彩的软硬感与色彩的明度和纯度有关。与低明度色调和高纯度色调相比，浅色调、灰白色调等高明度的色彩比较软，色调比较柔和。纯色中加进灰色，色彩处于色立体明度上半球的非活性领域，色彩容易显得柔和、稳定，不刺激，柔美动人。

图 5-10　冷色调

5.2.2　色彩的象征性与联想

人们对不同的色彩表现出不同的好恶倾向，这种心理反应常常是人们生活经验以及由色彩引起的联想造成的，此外也和人的年龄、性格、素养、习惯、民族和地域文化分不开。人们对色彩的这种由经验感觉到主观联想，再上升到理智的判断，既有普遍性，也有特殊性；既有共性，也有个性；既有必然性，也有偶然性。不同的地区，人们对色彩的喜爱和厌恶也不相同，如非洲不少民族喜爱纯度高的色彩，而不少西欧人视红色为凶恶和不祥的预兆。因此，我们在选择色彩作为某种象征含义时，应该根据具体情况具体分析，不能随心所欲，但这并不妨碍对不同色彩的象征和寓意进行概括。

红色：象征积极和热情的颜色。它象征激情，富有动感。它具有狂热的、充满激情的、不带任何拐弯抹角的精神；同时红色又具有侵略性。

橙色：象征兴奋、喜悦、心直口快、充满活力、开放、大方、亲密、感情洋溢。橙色代表温暖和真挚的感情。

黄色：明亮、光辉的颜色。黄色给人十分温暖、舒服的感觉。晴天令人愉悦，心情变得开朗起来，如同一股暖风迎面吹来。黄色亦代表希望、摩登、年轻、欢乐和清爽。

绿色：生命的颜色。绿色与生命以及生长过程有着直接的关系。绿色代表健康，它也具有理想、田园、青春的气质。

蓝色：一种让人产生幻想的颜色。深邃的大海、白云飘浮的蓝天令人产生无穷无尽的遐想。蓝色使天空更加广阔，仿佛在无止境地扩张；同时蓝色冷静沉着，给人以科学、理想、理智的感觉。

紫色：有魅力、神秘的颜色。它高贵、幽雅、潇洒，它是红色和蓝色的混合，在某种程度上是火焰的热烈和冰水的寒冷的混合，而两种相互对立的颜色又同时保持了各自潜在的影响力。

白色：光明的颜色。它洁净、纯真、浪漫、神圣、清新、漂亮，同时还有解脱和逃避的本质。

灰色：介于黑白之间，灰色作为一种中立状态，并非是两者中的一个——既不是主体也不是客体，既不是内在的也不是外在的，既不是紧张的也不是和解的。

黑色：严肃、厚重、性感的颜色。黑色在某种环境中给人以距离感，具有超脱的特征。任何一种颜色在黑色的陪衬下都会表现得更加强烈，黑色提高了颜色的色度，使周围的世界变得更加引人注目。

5.3 室内设计中色彩的整合

5.3.1 室内色彩设计的基本要求

在进行室内色彩设计时，设计师应首先了解以下与色彩有密切联系的问题。

1. 空间的使用目的

不同使用目的的空间，如会议室、起居室，显然在色彩的要求、性格的体现、气氛的形成等方面各不相同。

2. 空间的大小、形式

色彩可以按不同空间大小、形式来进一步强调或削弱。

3. 空间的方位

在自然光线作用下，不同方位的色彩是不同的，冷暖感也有差别，因此，可利用色彩来进行调整。

4. 空间使用者的类别

空间使用者是老人还是小孩，是男性还是女性，这对色彩的要求有很大的区别，色彩应适合居住者的特点（图 5-11、图 5-12）。

图 5-11　婴儿饰品店以淡粉色为主色调

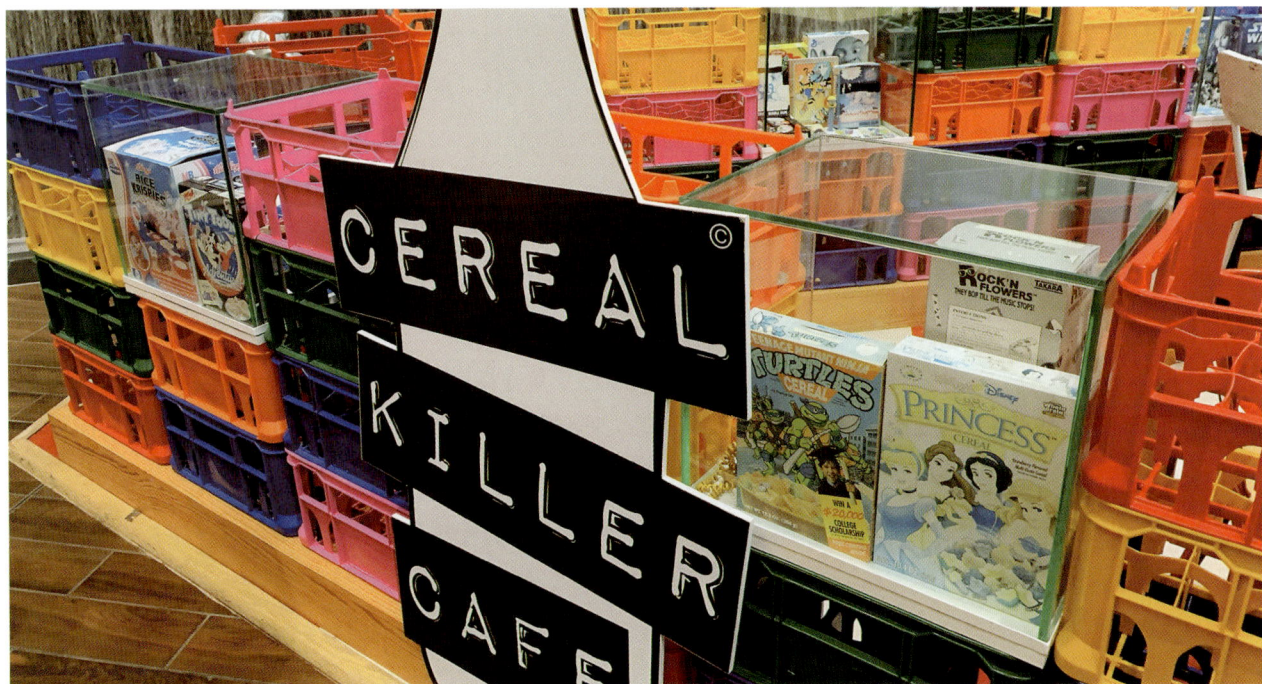

图 5-12　甜点店用五颜六色的箱子装饰室内空间

5. 空间使用者在空间内的活动时间

应根据不同的活动与工作内容设定不同的视线条件，这样才能提高效率、安全性，为使用者提供舒适的环境。在长时间使用的房间内，色彩对视觉的作用应比短时间使用的房间更明显，色彩的色相、彩度对比等也存在差别，应考虑不产生视觉疲劳。

6. 空间环绕

色彩和环境有密切联系，尤其在室内，色彩的反射可以影响其他颜色。同时，室外的自然景物也能反射到室内来，色彩还应与周围环境协调。

7. 使用者对色彩的偏爱

一般说来，在符合设计原则的前提下，色彩的使用应该满足不同使用者的爱好和个性，满足使用者心理要求。在符合色彩功能要求的原则下，可以充分发挥色彩在构图中的作用。

5.3.2　室内色彩设计的方法

室内空间要求能够满足现代人的审美需求，提供便利舒适的服务，实现环境气氛的和谐，使空间具有亲和力和人情味，而色彩设计正是达到这些要求的有力手段。室内色彩不仅是创造视觉效果、调整气氛和表达心境的重要因素，而且具有表现性格、调节光线、调整空间、配合活动以及适应气候等诸多功能。

在具体的室内色彩设计中还应注意以下几点。

1. 室内色彩与光线

没有光，色彩就不能被感知。在自然光线下，随着天气、时间的变化，物体的色彩也会相应地发生变化。然而，在人工光线下情况就更加复杂。在不同光源下，如在白炽灯、荧光灯、水银灯下，物体的色彩都会不同。

室内色彩在某种程度上可以对室内光线的强弱进行调节，因为各种颜色有不同的反射率。实验显示，色彩的反射率主要取决于明度。理论上，白色的反射率为100%，黑色的反射率为0。但实际上，白色的反射率在64% ～ 92.3%，灰色的反射率在10% ～ 64% 之间，黑色的反射率在10% 以下。

色彩的纯度越高，反射率越大，但必须与明度相互配合才能决定其反光性能。一般情况下，可以根据不同室内空间的采光要求，选用一些反光率较高或者较低的色彩对室内光线进行调节。室内光线强的，可以选用反射率较低的色彩，以平衡强烈光线对视觉和心理上造成的刺激；相反，室内光线太暗时，则可采用反射率较高的色彩，使室内光线效果获得适当的改善。

2. 室内色彩与空间

根据色彩的特性，高明度、高纯度和暖色相的色彩，具有前进感和膨胀感；低明度、低纯度和冷色相的色彩具有后退感和收缩感。如果室内空间存在过大、过高、过矮的状况，都可以运用色彩调节。

（1）色彩明度对室内空间的影响。

如果室内空间过于狭窄、拥挤，或者采光不理想，就可以采用高明度色彩来处理墙面，使室内空间获得较为宽敞和明亮的效果。如果室内空间过于宽敞、松散，就可以采用低明度色彩来处理墙面，使空间变得亲切而紧凑。

（2）色彩纯度对室内空间的影响。

室内空间较为宽敞时，家具和其他陈设均须采用膨胀性较大、纯度较高的色彩，使室内产生充实的感觉；室内空间较为拥挤、狭窄时，室内家具和陈设则须采用收缩感较强、纯度较低的色彩，使室内产生宽敞的感觉。

从心理角度讲，色彩具有重量感。纯度高的色彩重，纯度低的色彩轻；高明度的色彩轻，低明度的色彩重；同明度的色彩，高纯度的色彩较轻，低纯度的色彩较重；同明度、同纯度的色彩，暖色彩较轻，冷色彩较重。

轻的色彩具有上浮感，重的色彩具有下沉感。如果室内空间过高，天花板可采用略重的具有下沉感的色彩，地板可采用较轻的具有上浮感的色彩，使室内的空间高度得到适当的调整；相反，如果室内空间太矮，天花板则须采用较轻的具有上浮感的色彩，地板则可采用略重的具有下沉感的色彩，使室内空间产生较高的感觉。

（3）色彩色调对室内空间的影响。

明亮的色调使室内空间具有开敞、空旷的感觉，使人的心情开朗；暗色调会使室内空间显得紧凑、神秘。明亮鲜艳的色调能使室内环境显得活泼，富有动感；冷灰较暗的色调会使室内气氛显得严肃、神圣。

此外，纯度低的浅色调会显得很休闲，因为低纯度的色彩不会较强地刺激人们的视觉，从而在心理上引起强烈的反应，人们在这样的环境中活动起来就会很放松。

3. 室内色彩的分类

室内色彩可以分为三部分。首先是背景色，常常指室内固定的天花板、墙壁、门窗和地板等大面积的色彩，根据面积原理，这部分色彩宜采用纯度较低的颜色，使其充分发挥背景色彩的烘托作用。其次是主体色，指的是可以移动的家具和陈设部分的中等面积的色彩，它们是表现主要色彩效果的载体，这部分设计在整个室内色彩设计中极为重要。然后是强调色，指的是最易发生变化的陈设部分的小面积色彩。这部分色彩处理可根据性格爱好和环境需要进行设计，以起到画龙点睛的作用。当然，设计师应该关心各种色彩的和谐搭配，使各种色彩的搭配趋于合理，达到协调统一的效果。

（1）背景色。

背景色作为大面积的色彩，对其他室内物件起衬托作用，如墙面、地面、顶棚。背景色是室内色彩设计中首要考虑和选择的问题。

不同色彩在不同的空间背景中所处的位置，会影响人们的心理知觉和感情反应。一种特殊的色相虽然完全适用于地面，但当它用于顶棚上时，则可能产生完全不同的效果。

白色过去一直被认为是理想的背景，然而应考虑装饰项目的主要性质和环境特点。在白色和高纯度装饰的对比环境中，需要人们适应从亮至暗的变化。此外，低纯度色彩与白色搭配布置看来很乏味和平淡，一般不用白色或灰色作为支配色彩，在生理和心理上是有一定道理的。但白色确实能容纳各种色彩，作为理想背景也是无可非议的，应结合具体环境和室内性质，扬长避短，巧妙运用，以达到理想的效果（图5-13）。

（2）主体色。

在背景色的衬托下，以在室内占有统治地位的家具为主体色。各类不同品种、规格、形式、材料的家具（如橱柜、梳妆台、床、桌子、椅子、沙发等）是室内陈设的主体，也是表现室内风格和个性的重要因素。家具和背景色有着密切关系，常成为控制室内总体效果的主体色。

图 5-13　当墙面展示的商品颜色较多时使用白色墙面更能凸显商品

（3）强调色。

强调色作为室内重点装饰和点缀的小面积色彩，在室内环境中非常突出，又称重点色，如织物、陈设和绿植的色彩。织物包括窗帘、帷幔、床罩、台布、地毯、沙发、座椅等。室内织物的材料、质感、色彩、图案各式各样，和人的关系更为密切，在室内色彩中起着举足轻重的作用，如不注意可能成为干扰因素。陈设包括灯具、电视机、电冰箱、热水瓶、烟灰缸、日用器皿、工艺品、绘画雕塑。绿植包括盆景、花篮、吊篮、插花等。不同花卉、植物有不同的姿态、色彩、情调和含义，和其他色彩容易协调，它对丰富空间环境、创造空间意境、增添生活气息、软化空间肌体有着特殊的作用。

4．室内色彩的设计

以什么为背景色、主体色和强调色，是色彩设计首先应考虑的问题。同时，不同色彩的物体之间相互形成多层次的背景关系，如沙发以墙面为背景，沙发上的靠垫又以沙发为背景，这样，对靠垫说来，墙面是大背景，沙发是小背景或称第二背景。

另外，在许多设计中，如墙面、地面，也不一定只是一种色彩，可能会交叉使用多种色彩，图形色和背景色也会相互转化，必须予以重视。色彩的统一与变化是色彩构图的基本原则。设计时应着重考虑以下问题。

（1）主调。

室内色彩应有主调或基调，冷暖、性格、气氛都通过主调来体现。对于规模较大的建筑，主调更应贯穿整个建筑空间，在此基础上再考虑局部的、不同部位的适当变化。主调的选择是一个决定性的步骤，因此必须贴合空间主题，即希望通过色彩达到怎样的效果，是典雅还是华丽，安静还是活跃，纯朴还是奢华。用色彩语言来表达并不容易，要在许多色彩方案中，认真仔细地去鉴别和挑选。北京香山饭店为了表达像江南民居那样朴素、雅致的意境，在色彩上以无彩色的体系为主题，不论墙面、顶棚、地面、家具、陈设，都贯彻了这个色彩主调，从而给人统一、完整的印象。主调一经确定为无彩系，设计者不应再迷恋五彩缤纷的各种织物和家具，而是大胆地应用黑、白、灰这些色彩。这就要求设计者摆脱世俗的偏见和陈规，发挥创造性。

（2）大部位色彩的统一协调。

主调确定以后，就应考虑施色部位及其比例分配。主色调一般应占有较大比例，而次色调作为主调的协调色或对比色，只占较小的比例。

在室内色彩设计时，室内色彩三大部分的分类不能作为考虑色彩关系的唯一依据。分类可以简化色彩关系，但不能代替色彩构思。大面积的界面，在某种情况下，也可能作为室内色彩重点表现对象，因此，可以根据设计构思，采取不同的色彩层次或缩小层次的变化，选择和确定图底关系，突出视觉中心，例如：用统一顶棚、地面色彩来突出墙面和家具，用统一墙面、地面来突出顶棚和家具，用统一顶棚、墙面来突出地面、家具，用统一顶棚、地面、墙面来突出家具。

应注意，如果家具和周围墙面距离较远，如大厅中岛式布置方式，那么家具和地面可看作是相互衬托的层次。这两个层次可用对比方法来加强区别，也可用统一的方法来削弱变化或各自为一体。

在进行大部位色彩协调时，有时可以突出一两件陈设，即用统一顶棚、地面、墙面、家具来突出陈设，如墙上的画、书橱上的书、桌上的摆设、座位上的靠垫以及灯具、花卉等。由于室内各物件使用的材料不同，即使色彩一致，材料的质地还是十分丰富的，因此，无论色彩简化到何种程度也决不会单调。

色彩的统一还可以通过限定材料来实现，例如可以用大面积木质地面、墙面、顶棚、家具等，也可以用颜色、质地一致的织物用于墙面、窗帘、家具等方面的装饰。某些陈设品还可以采用套装的办法，来获得材料的统一。

（3）加强色彩的魅力。

背景色、主体色、强调色三者之间的色彩关系不是孤立的、固定的，如果机械地理解和处理，色彩效果必然干篇一律，变得单调。换句话说，色彩之间既要有明确的图底关系、层次关系和视觉中心，但又不刻板、僵化，才能实现良好的色彩效果。具体方法如下。

① 色彩的重复或呼应。即将同一色彩用到关键的几个部位，从而使其成为控制整个室内的关键色，例如家具、窗帘、地毯用相同色彩，使其他色彩居于次要的、不明显的地位。同时，也能使色彩之间相互联系，形成一个多样统一的整体，色彩上取得彼此呼应的关系，才能取得视觉上的联系，唤起视觉的运动，例如白色的墙面衬托出红色的沙发，而红色的沙发又衬托出白色的靠垫，这种在色彩上图底的互换性既是简化色彩的手段，也是活跃图底色彩关系的一种方法。

② 色彩的韵律感。色彩的规律性分布容易引导视觉上的运动，或称色彩的韵律感。色彩韵律感不一定用于大面积，也可用于位置接近的物体上。当在一组沙发、一块地毯、一个靠垫、一幅画或一簇花上因使用相同的色块而取得联系，从而使室内空间物与物之间的关系显得更有内聚力。

③ 色彩的对比。色彩由于相互对比而得到加强，室内存在对比色，也就使其他色彩退居次要地位，视觉很快集中于对比色。通过对比，各自的色彩更加鲜明，从而提高了色彩的表现力。提到色彩对比，不要以为只有红与绿、黄与紫等色相上有对比关系，实际上，明度对比、彩度对比、清色与浊色对比有彩色与无彩色对比，常比色相对比应用还多一些。整个室内色彩构图在具体进行样板试验或作草图的时候，应该多次进行观察比较，确定哪些色彩应再加强一些，或哪些色彩应再减弱一些，来获得色彩构图的最佳效果。不论采取何种加强色彩的方法，其目的都是达到室内色彩的统一和协调，增强色彩的魅力。

室内的趣味中心或室内的重点常常是构图中需要考虑的，它可以是一组家具、一幅壁画、床头靠垫的布置或其他形式，可以通过色彩来加强它的表现力和吸引力。但加强重点不能造成色彩的孤立。

总之，色彩之间的相互关系是室内色彩设计的中心。室内色彩可以统一划分成许多层次，色彩关系随着层次的增加而变得复杂，随着层次的减少而简化，不同层次之间的关系可以分别考虑为背景色和重点色。强调色常作为大面积的色彩宜用灰调，强调色常作为小面积的色彩，在彩度、明度上比背景色要高。在色调统一的基础上可以采取加强色彩力量的办法，即用重复、韵律和对比手法强调室内某一部分的色彩效果。室内的趣味中心或视觉焦点或重点，同样可以通过色彩的对比等方法来加强它的效果。色彩的重复、呼应、联系可以加强色彩的韵律感和丰富性，使室内色彩多样统一，统一中有变化，不单调、不杂乱，色彩之间有主有从有中心，形成一个完整和谐的整体。

5.4 室内设计中的配色案例

5.4.1 住宅空间配色案例

住宅空间设计旨在给居住者营造一个温馨舒适的休憩空间，空间的配色会直接影响人们对所处环境的感受。色彩环境是客观存在的，它关系着居住者的身心健康、行为和情感。好的色彩环境可以让人与人的相处更为和谐与愉悦，营造轻松欢乐的气氛。

◎案例一　宜昌·万达大都会·天樾

国际权威色彩机构潘通（Pantone）发布年度代表色，经典蓝成为 2020 年度代表色（图 5-14）。经典蓝是黄昏时天空的颜色，试想一下，当站在黄昏时的蓝天之下，一天还没有结束，夜晚即将来临，你一定在总结一些东西，同时也在渴望一些东西。处在那样一个时间，经典蓝连接着白天与黑夜，见证你我他探索真理和探求真相，它让人贴心、放心。

就视觉观感而言，经典蓝比深蓝、午夜蓝浅，比天蓝、靛蓝暗。毕加索、胡安·米洛、塞尚、夏卡尔等艺术家的作品中都有经典蓝的踪迹（图 5-15）。

室内主空间运用了大面积的白色，干净利落的石材纹理，搭配午夜蓝主题墙与经典蓝布艺家具，简单的蓝白配色，点缀优雅的维多利亚式和新巴洛克风格的沙发，构成块面、线条，层次递进（图 5-16）。

客厅的边柜与装饰台灯选择具有古典元素的线条与图案，运用金色铜质材料加以塑造，将复古经典的元素引入当代空间，用局部点缀色的手法，表达具有艺术感，结合传统与现代哲学的生活态度，碰撞出属于未来意趣的新内容，重新定义经典，表达梦幻般具有感染力的情绪空间（图 5-17）。

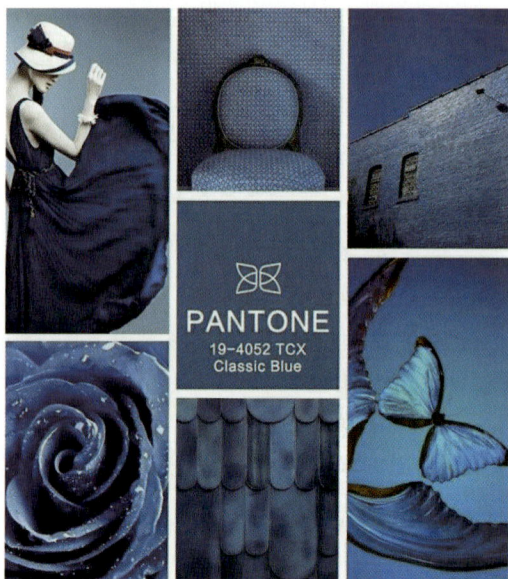

图 5-14　Pantone 发布年度代表色

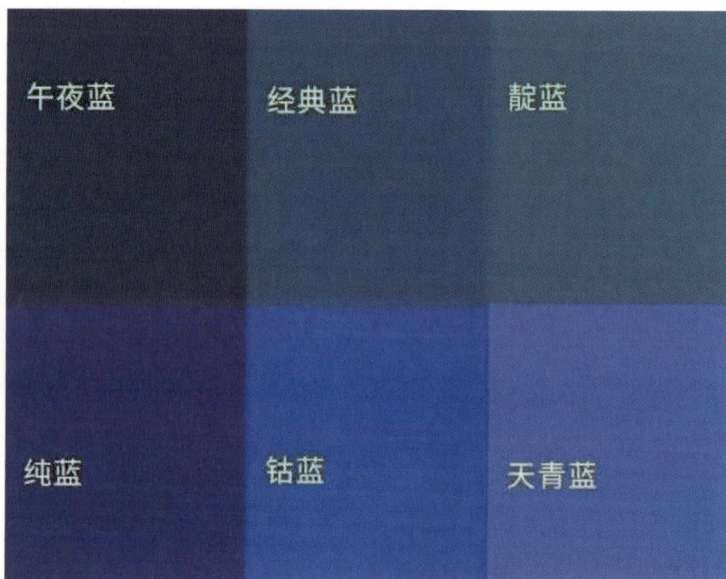

图 5-15　各种蓝色的对比

图 5-16　室内主空间

图 5-17 局部设计

　　阳台选择经典蓝主题的座椅与金色的扶手支撑结构，融入了具有艺术气氛的小画架，配上绿植墙与鲜花，裸粉窗帘与蓝色夹边组合，强烈的视觉冲击带出时髦的现代感（图 5-18）。

　　餐厅选择蓝白主题搭配的靠背椅，配以现代款餐桌，白色大理石台面与粗犷的金属色桌腿使平凡的厨房也变得时尚起来。正是恰到好处的色彩和材质之间的融合才创造出设计的不凡（图 5-19、图 5-20）。

　　主卧大胆采用了蓝、白、咖三色，午夜蓝墙面造型搭配源自意大利的 Visionnaire 系列家具，现代感的金属画框，晕染感强烈的地毯，在块面蓝与奶白中消融，少许的金色体现奢华质感（图 5-21、图 5-22）。

　　为了让整体风格不过于硬朗，设计师运用了一系列柔软的材料，弧形的几何雕塑和时尚的人物挂画，柔软与硬朗在色彩之间产生碰撞，强调空间的平衡点（图 5-23、图 5-24）。

　　卫生间与厨房等辅助空间也运用大量白色石材饰面，搭配蓝色主题色，点缀富有生机的绿色，时尚感体现在设计的细节中（图 5-25、图 5-26）。

图 5-18 阳台

图 5-19　餐厅图一

图 5-20　餐厅图二

图 5-21　主卧图一

图 5-22　主卧图二

图 5-23 次卧图一

图 5-24 次卧图二

图 5-25 厨房

图 5-26 卫生间

◎案例二　宜昌·万达大都会·天樾

　　中国人心中的新年往往指的是农历春节，这是中国人心目中最具仪式感的节日。除了辞旧迎新、休憩与卸下压力以外，春节也凝聚着一份特殊的含义——团聚与重逢，而最能象征春节、表达喜悦情感的色彩非红色莫属（图5-27）。我们细数出以往因红起缘的软装设计项目，伴着喜气洋洋的节日氛围（图5-28）。

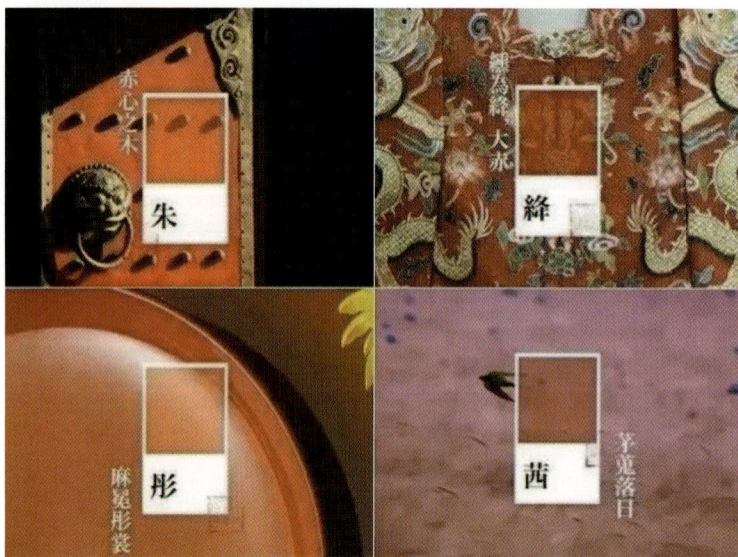

图5-27　红色在中国传统文化中有吉祥的含义

图5-28　因红起缘的软装设计

　　客厅为整个环境的主色调，空间中使用大面积黑白色系点缀充满活力的绛红色。灰色现代款沙发位于客厅中，白色饰面主题墙搭配大幅黑白照，红色单体布艺沙发揭示主题。除了棉质与绒面材质，茶几的黑漆、边几的透明色亚克力极具个性。色彩的艳灰对比、材质的软硬对比，都呈现出一种桀骜不驯的时尚都市的魅力（图5-29～图5-31）。

图5-29　客厅配色图一

图5-30　客厅配色图二

图5-31　客厅配色图三

餐厅选用红色皮质靠椅，对称分布在黑漆面的餐桌两旁，桌面摆设镶金边的餐具套装，凸显现代成熟的气质（图 5-32～图 5-34）。

图 5-32 餐厅配色图一

图 5-33 餐厅配色图二

图 5-34 餐厅软装

卧室中延续温馨舒缓的暖色基调，对比色转变为柔和的灰红相间。麻灰色背景墙面呼应深灰床旗搭毯，加上灰条纹绒面地毯，高级灰的雅致更凸显居住者的稳重性格。红色系抱枕和窗台毯给雅致的氛围环境增添一抹热烈，抢眼但不失得体（图 5-35、图 5-36）。

石材、木饰墙板和地毯以各自的肌理和质感调和出色阶差异，深浅交织，红色作为点缀融入其中，品质从视觉的重量感中一目了然（图 5-37、图 5-38）。

图 5-35 卧室配色图一

图 5-36 卧室配色图二

图 5-37 阳台设计

图 5-38 书房设计

◎ 案例三 武汉·汉口中建御景新城样板间

此方案为清爽自然的北欧风格，整体设计中摒弃了烦琐的装饰，力求让生活回归到舒适纯粹的境界，特别契合当下年轻人对于简单生活的向往（图 5-39、图 5-40）。

主题色运用明亮的柠檬黄与向日葵黄交相呼应，大面积墙面保留质朴的白色，家具都呈现原生态的色彩——原木色、胡桃木色、浅灰色，设计的色彩环境营造出天然清新的放松气氛。

客厅选用浅灰布艺主沙发组合柠檬黄单椅，搭配黑白几何折线形抱枕，再加上黄色夹边的灰底窗帘，无不烘托出年轻感（图 5-41）。

茶几上的装饰品选用的是具有自然气息的鹿头和松果、向日葵绿植，金属色与自然主题的碰撞，增添了环境时代感的细节。装饰画作的图案是偏向现代风格的几何色块，不仅造型简洁，而且色彩搭配得当（图 5-42）。

图 5-39 客厅设计图一

图 5-40　客厅设计图二

图 5-41　客厅配色

图 5-42　客厅软装

　　餐桌使用白色石材台面，原木桌椅腿，餐椅为黄色皮革矮靠背造型，整个组合轻便简洁，不占空间，材质也易于清洁打理（图 5-43、图 5-44）。

　　卧室是室内最放松的场所，简洁的白色墙面投射大量的自然光，使得空间更显宽敞。床品采用亚麻色与驼色布艺，突出北欧风的特点。抱枕和装饰画选择柠檬黄与黑灰组合的图案，增添活泼气氛，与主题相呼应（图 5-45、图 5-46）。

　　住宅空间软装设计色彩的主题定位往往与居住者的年龄、性格、职业、兴趣爱好、审美水平相关。住宅空间的色彩选择更偏向个性化，具有较强的私密性。完整和谐的配色方案可以渲染空间气氛，增添生活雅趣，陶冶情操，又可以深刻地表达人们的情感信仰。

图 5-43　餐厅软装

图 5-44　餐厅配色

图 5-45　卧室软装

图 5-46　卧室配色

5.4.2 公共空间配色案例

公共空间包含的空间种类较多，有酒店空间、餐饮空间、办公空间、售楼部空间、商业店铺空间等，每种空间的软装饰设计需要根据功能和使用人群来选择合适的色彩主题。当公共空间的功能明确后，适用人群的年龄范围、教育程度、精神需求、审美情趣等也是衡量公共空间设计色彩主题优劣的标准。

◎案例一　湖北孝感新城玺樾销售展示中心

房地产售楼部的软装设计需要根据整个楼盘的设计概念来确定主题，让进入售楼部的客户能够感受到开发商的格调定位，因此售楼部设计应注意规划方案设计的整体色彩、风格表现、材质的选择等要素。

该售楼部位于湖北孝感市的王母湖边。王母湖是孝感市的生态区。

方案中以中式山水意境作为主题，在色彩的表现中运用了大自然中最原始的色彩体系：大地色。

图5-47所示的空间为大堂沙盘区，背景色为原木色与米白色，原木线条饰面的背景墙利用不同的木纹色雕刻出连绵的山峦景象。地面与台面设计运用灰麻色抛光大理石，体现出自然优雅的底蕴。

案例中将水晶颗粒造型工程灯比作水滴，该设计以"晨露"为灵感，取其结构之美，用艺术与设计将之融为一体，设计时加入中式韵味与现代感，呈现出晶莹剔透的视觉效果，周围波光点点，星光形似"山水"。晶莹的露水映着初升的朝阳，在阳光下似万颗珍珠，闪耀着光辉（图5-48）。

普通会谈区及贵宾区的座椅均选用灰皮革靠背布艺座面，与墙面背景的黛青色绵延的山相呼应（图5-49、图5-50）。

装饰画选择圆形与方形画作，体现了中国文化中"天圆地方"的概念。圆形画作采用白色和黛青色，仿佛一轮明月若隐若现。方形画作以水墨题材勾勒出一幅黑白丘壑图，再次与背景墙相呼应（图5-51、图5-52）。

空间中局部节点处采用"枯山水"表现手法，将枯木比拟为挺拔的大树，白色砾石则为浩瀚的海面，灰色卵石比作海面的礁石。整个方案的软装设计将中式山水文化蕴含其中，主题色彩保留了材质原始的状态，枯木色、草叶色、黛青色、米白色，都呈现一种清丽温婉、与世无争的氛围（图5-53、图5-54）。

图5-47　大堂沙盘区

图5-48　大堂沙盘区水晶颗粒造型工程灯

图 5-49 普通会谈区

图 5-50 贵宾区

图 5-51 家具

图 5-52 软装

图 5-53 室内小品图一

图 5-54 室内小品图二

◎案例二 WE JEWELAY 芬兰轻奢品牌店面

WE JEWELAY 芬兰轻奢品牌的定位与风格都决定了这个品牌将是珠宝界的潮牌。

该设计在保持品牌原定位的同时，增加新鲜的创意和设计。从原材料、搭配到工艺的选择，再到细节的雕琢，一步步打造品牌空间视觉的感官度，有序的色彩主题能赋予整个场地以主题鲜明、井然有序的视觉效果和强烈冲击力。

店面主题颜色为燃橙色，它不走小清新路线，而是靠着一种"焦灼感"走气质路线。橙色系进可攻退可守，调亮就是柿子色、土橘色、南瓜色，调暗就是经典气质的枫叶棕、焦糖色、暖咖色。燃橙色比亮橙色更雅致，而且更浪漫、温暖、热情、复古，带一点艳丽。店面平面布局见图 5-55。

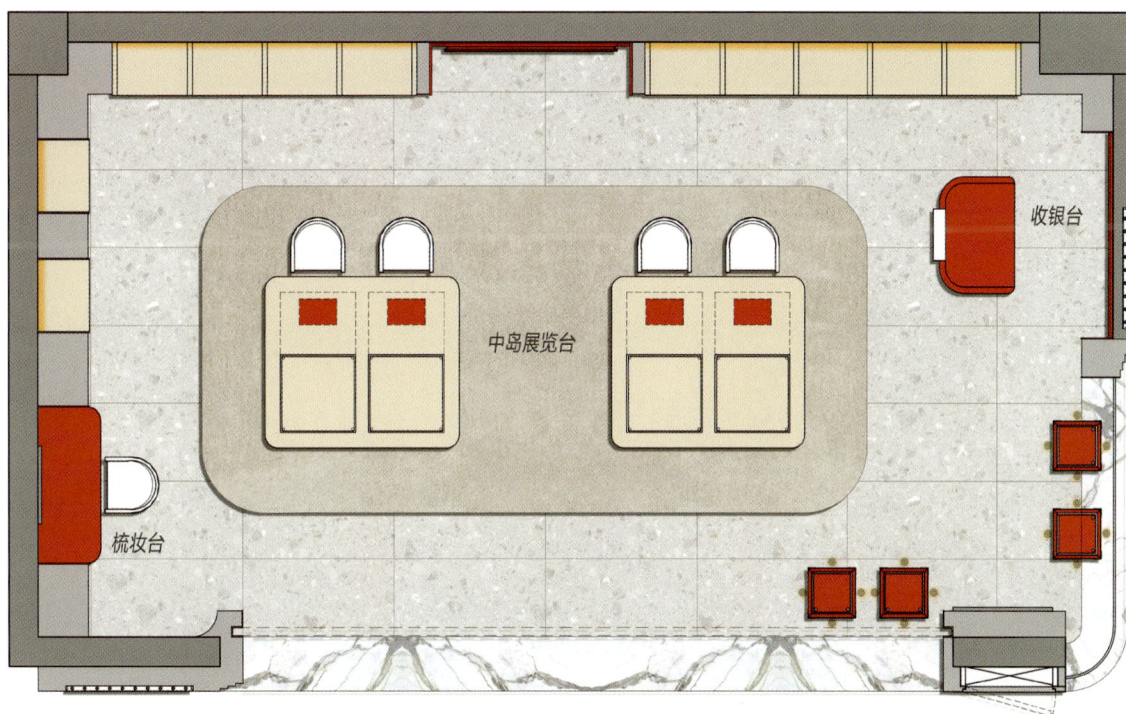

图 5-55 平面布局

陈列中运用色彩统一的方法设定焦点和营造产品陈列的平衡效果，橙色与白色的碰撞，不仅不落俗，反而凸显店面的优雅醒目，更显整洁显高级（图 5-56、图 5-57）。

多个格子均匀排列，白色为开放格子，橙色为封闭格子，灵活分布，大大增强使用的功能性。

为了更好地呈现并引导呈现的过程，空间中大面积注入了教堂中的拱形门元素，不仅增加视觉层高，连续的拱顶赋予空间庇护感，交流变得更加舒适，有利于缓解顾客的生疏感，更快地引导顾客的参与性（图 5-58 ～图 5-61）。

图 5-56　店面陈列图一

图 5-57　店面陈列图二

图 5-58　柜台图一

图 5-59　柜台图二

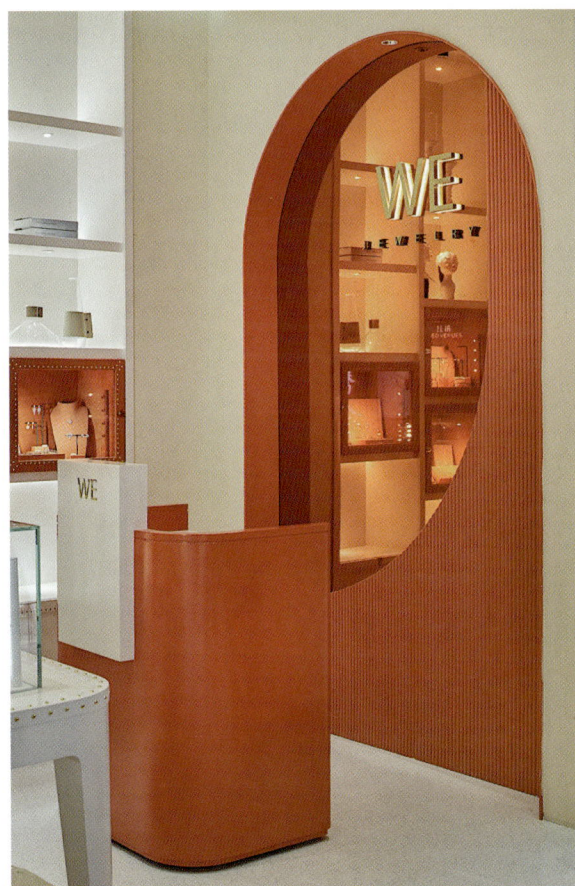

图 5-60　柜台图三

图 5-61　柜台图四

课后思考

（1）阐述你对色彩的认识，以及你最喜欢的室内设计色彩搭配。

（2）在一个红色或蓝色的空间中，人会有怎样的感受？

（3）黄色具有什么特点？多运用于什么空间？

蓝色空间与红色空间对人的不同影响实验

拓展训练

◎ **室内色彩设计**

1. 任务分析

室内色彩、三大界面及家具陈设等元素紧密联系在一起，是室内环境的主要体现。舒适的色彩环境是业主和设计师共同追求的目标。室内色彩设计拓展训练使学生更好地掌握和运用色彩，对空间色彩进行大胆尝试和创新。

2. 任务概述

利用春、夏、秋、冬四个季节进行某空间的色彩训练。

3. 任务要求

首先对某空间进行调研、分析、定位，然后对空间色彩进行色彩构图草稿设计，经过推敲，最后完成色彩设计成稿。要求在 A3 纸上绘制，附不少于 300 字的设计说明。

06

室内光环境设计

通过对室内光环境设计的学习，学生对室内光环境设计的理论知识应有所了解，掌握室内光环境设计的原则，熟悉室内光环境的设计程序，能够运用所学知识对建筑空间环境进行综合光照设计，创造合理的室内光环境。

课前
思考

人的视觉依赖光而存在，光是人类认识外部世界的工具。无论是在公共场所还是在家中，光的作用都影响到每一个人。光可以形成空间、改变空间、美化空间，也能破坏空间。我们要通过设计充分利用光的特性去创造所需的光环境。光直接影响人对物体大小、形状、色彩和质地的感知。室内光环境是室内设计的重要组成部分，在设计之初就应该加以考虑（图6-1）。

图6-1　室内空间中的光环境

6.1 光的基本概念

6.1.1 光环境与文化

光文化是设计文化的一部分。照明是科学，也是艺术。对任何建筑而言，它都是建筑设计成功的基础。设计师除了要充分理解建筑的形体和空间，还要准确运用灯具和光源。只有充分掌握光的控制技术，才能对光进行合理科学的设计，满足人的视觉生理和视觉心理的需要。

6.1.2 照明设计的目的与分类范畴

有关资料表明：在正常人每天接收的外界信息中，超过 80% 的信息是通过人体的视觉器官接收的。而人每天都要在人造光环境中停留相当长的时间，为视觉感官接受信息创造一个舒适的光环境是照明设计的基本要求。室内光环境设计的目标就是根据室内外环境所需要的照度，正确选择光源和灯具，确定合理的照明形式和布置方案，创造一个合理的、高质量的光环境。例如模仿自然光的变化以获得舒适感，让室内的照明也随着自然光一起变化，就能创造出符合活动要求的舒适的光线环境（图 6-2）。

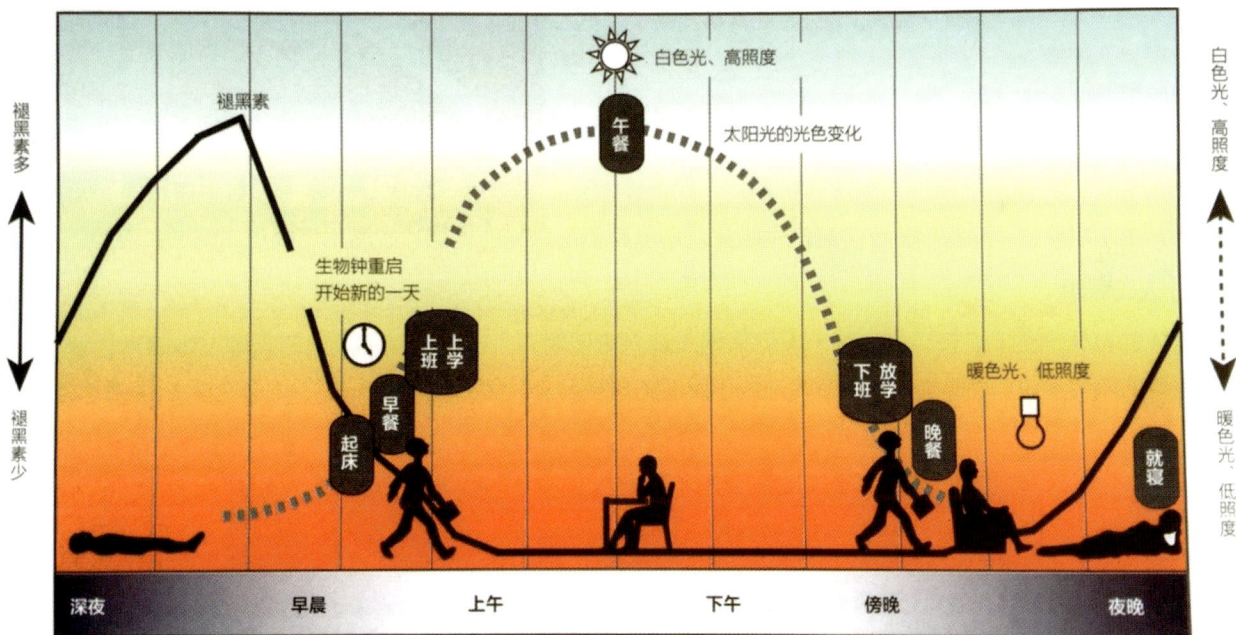

图 6-2　一天中人的活动与光之间的关系

按照照明场所来分类，照明可以分为街道及广场照明，车站及码头照明，景观照明，建筑夜景照明，室内环境照明等。

按照照明的方式来分类，照明可以分为以下六种。

① 一般照明：为照亮整个场所而设置的照度均匀的照明方式。

② 局部照明：特定视觉工作所用的，为某个局部而设置的照明。

③ 重点照明：为提高限定区域或目标的照度，使其比周围的区域更亮，而设计成最小光束角的照明。

④ 混合照明：由一般照明与局部照明组成的照明方式。

⑤ 混光照明：在同一个场所，由两种以上不同的光源所形成的照明。

⑥ 应急照明：在正常照明的电源失效时而启用的照明。

6.1.3　自然采光与人工照明

1. 自然采光

室内照明是室内环境设计的重要组成部分，室内照明设计要有利于人的活动安全和创造舒适的生活条件。在人们的生活中，光不仅仅是室内照明的条件，而且是表达空间形态、营造环境气氛的基本元素。冈那·伯凯利兹说："没有光就不存在空间。"光照对人的视觉功能极为重要。室内自然光或灯光照明设计在功能上要满足人们多种活动的需要，而且还要重视空间的照明效果。

我们在白天才能感受到日光，日光由直射地面的阳光和反射光组成。自然光主要是指日光，通常将室内对自然光的利用称为采光。

阳光是人类生存的基本要素之一。居室内部环境有充足的日照是保证居者身心健康的重要条件，同时也是保证居室卫生、改善居室小气候、提高舒适度等的重要因素。

光根据来源、方向以及采光口所处的位置，分为侧面采光和顶部采光两种形式。侧面采光有单侧、双侧及多侧之分。而根据采光口高度不同，侧面采光可分为高侧光、中侧光、低侧光。侧面采光可选择良好的朝向和室外景观，光线具有明显的方向性，有利于形成阴影。但侧面采光只能保证有限进深的采光要求（一般不超过窗高两倍），进深太大则需要人工照明来补充。采光口在 1 m 左右，有的场合为了利用更多墙面（如展厅为了争取更多展览面积）或为了提高房间深处的照度（如大型厂房等），将采光口提高到 2 m 以上，称为高侧窗。

除特殊原因（如房屋进深太大，空间太大）外，室内空间一般多采用侧面采光的形式。顶部采光是自然采光的基本形式，光线自上而下，照度分布均匀，光色较自然，亮度高，效果好。但上部有障碍物时，照度会急剧下降。由于垂直光源是直射光，容易产生眩光，不具有侧面采光的优点，故常用于大型车间、厂房等。

2. 人工照明

地球的自转产生了日夜。在夜晚，人们采用人造光来照明。人造光也就是人造的光源发出的光，它不仅是夜间主要的照明手段，同时也是白天室内光线不足时的重要补充（图 6-3）。

人工照明　　自然采光

图 6-3　商场中庭中人工照明与自然采光的关系

人工照明具有功能性和装饰性两方面的作用。从功能上讲，建筑物内部的自然采光受到时间和场合的限制，所以需要人工照明补充，在室内营造一个光亮环境，满足人们视觉工作的需要；从装饰角度讲，除了满足照明功能之外，还要满足美观和艺术上的要求，这两方面是相辅相成的。根据建筑功能不同，两者的比重各不相同，如工厂、学校等工作场所应从功能上来考虑，而在休闲娱乐场所，则强调艺术效果。

人工照明、自然采光在进行室内照明的组织设计时，必须考虑以下几方面的因素。

（1）光照环境质量因素。合理控制光照度，使工作面照度达到规定的要求，避免光线过强和照度不足。

（2）安全因素。在技术上给予充分考虑，避免发生触电和火灾事故，这一点在休闲娱乐场所尤为重要。因此，必须采取安全措施，设置标志明显的疏散通道。

（3）室内心理因素。灯具的布置、颜色等与室内装修相互协调，室内空间布局、家具陈设与照明系统相互融合，同时考虑照明效果给视觉工作者带来的心理反应，构图、色彩、空间感、明暗、动静以及方向性等方面让使用者满意。

（4）经济管理因素。考虑照明系统的投资和运行费用，以及是否符合照明节能的要求和规定；考虑设备系统管理维护的便利性，以保证照明系统正常高效运行。

6.1.4　照明设计的安全性

照明系统的设计和安装是电气顾问的责任，但是建筑的总体安全仍然由建筑师和设计师掌握，照明设计应注意以下几点。

（1）照明设施和电路必须足够安全。

（2）所有电气设备需要满足防火标准。

（3）需要安装一个令人满意的紧急照明系统，并经消防官员同意。

6.2　室内照明设计基础知识

6.2.1　光照的种类

照明用光随灯具品种和造型不同，光照效果也不同。照明光线可分为直射光、反射光和漫射光三种。

（1）直射光是光源直接照射到工作面上的光。直射光的照度高，电能消耗少。为了避免光线直射人眼产生眩光，通常需用灯罩使光集中照射到工作面上。直接照明有广照型、中照型和深照型三种。

（2）反射光利用光亮的镀银反射罩作定向照明，使光线受下部不透明或半透明灯罩的阻挡，全部或部分光线反射到天棚和墙面，然后再向下反射到工作面。反射光线柔和，不易产生眩光。

（3）漫射光是利用磨砂玻璃罩、乳白色灯罩或特制的格栅，使光线形成多方向的漫射，或者是由直射光、反射光混合产生的光线。漫射光光质柔和，艺术效果颇佳。

6.2.2　照明的方式

照明设计是通过光源和灯具的使用来实现的。正确认识、理解并运用照明灯具对照明设计有很大的帮助。依据照明的效果，照明方式归纳为以下五种类型。

1. 直接照明

光线通过照明灯具射出，其中有 90% ～ 100% 的发射光通量到达假定的工作面。这种照明形式使光全部直接作用于工作面上，光的工作效率很高。但是室内使用单一的直接照明，会产生明暗对比强烈的光环境。在视觉范围内长时间出现强烈的明暗对比，会使人感到疲劳。

2. 间接照明

间接照明工具的配光是以 10% 以下的发射光通量直接到达假定工作面上，剩余 90% ～ 100% 的发射光通量通过反射间接作用于工作面上。采用反射光线的方式来达到照明效果，消耗的光能比较大。

间接照明一般选用不透光的材料来制作灯具。间接照明主要通过反射光来进行照明，所以工作面的光线就比较柔和，表面照度要比非工作面上的照度低，所以一般会与其他照明方式结合。

3. 半直接照明

半直接照明是半透明材料制成的灯罩罩住灯泡上部，60% ～ 90% 以上的光线集中射向工作面，10% ～ 40% 被罩光线又经半透明灯罩扩散而向上漫射，其光线比较柔和。这种灯具常用于较低房间的照明。漫射光线能照亮平顶，使房间顶部高度增加，因而能产生较高的空间感。

4. 半间接照明

半间接照明和半直接照明相反，把半透明的灯罩装在灯泡下部，60% 以上的光线射向平顶，形成间接光源，10% ～ 40% 的光线经灯罩向下扩散。这种方式能产生比较特殊的照明效果，使较低矮的房间有增高的感觉，也适用于住宅中的小空间部分，如门厅、过道等，通常在学习环境中采用这种照明方式最适宜。

5. 漫射照明

漫射照明是利用灯具的折射功能来控制眩光，将光线向四周扩散。这种照明大体上有两种形式：一种是光线从灯罩上口射出经平顶反射，两侧从半透明灯罩扩散，下部从格栅扩散；另一种是用半透明灯罩把光线全部封闭而产生漫射。这类照明光线性能柔和，视觉舒适，适于卧室。灯光射到四周的光线大致相同时，其照明便属于这一类。

灯光是营造空间气氛的魔术师。照明设计不但需要营造良好的光环境，还可以同其他因素一起营造良好的空间感。

6.2.3　照明的布局形式

1. 基础照明

基础照明是指大空间内全面的、基本的照明，它和重点照明的亮度有区别。基础照明是最基本的照明方式。

2. 重点照明

重点照明是指对主要场所和对象进行的重点投光。如商店商品陈设架或橱窗的照明，目的在于增强商品对顾客的吸引力，其亮度是根据商品种类、形状、大小以及展览方式等确定的。一般使用强光来加强商品表面的光泽，强调商品形象。

3. 装饰照明

为了对室内进行装饰，增加空间层次，营造环境气氛，常用装饰照明。一般使用装饰吊灯、壁灯、挂灯等灯具表现具有强烈个性的空间。值得注意的是，装饰照明一般以装饰为目的，有时也兼作基本照明或重点照明。

6.2.4　照明质量

高质量的照明效果是获得良好、舒适光环境的基础，而照明环境中的照度、亮度、眩光、显色性、阴影等因素则是决定高质量照明效果的关键。

1. 照度

照度是指被照物体单位面积上的光通量值。在确定被照环境所需照度大小时，必须考虑到被观察物体的尺寸，以及它与背景亮度的对比程度。

2. 亮度

亮度是指发光体在视线方向单位投影面积上的发光强度。背景环境的亮度应尽可能低于被观察物体的亮度。当被观察物体的亮度为背景环境亮度的 3 倍时，通常可获得较好的视觉清晰度。

3. 眩光

眩光是指视野内出现过高亮度或过大亮度对比所造成的视觉不适或视力降低的现象。眩光有两种形式，即直射眩光和反射眩光。由高亮度的光源直接进入人眼所引起的眩光，称为直接眩光；光源通过物体表面的反射进入人眼所引起的眩光，称为反射眩光。根据眩光产生的原因，可采取以下办法来避免眩光现象的发生。

① 限制光源亮度或降低灯具表面亮度。可采用磨砂玻璃或乳白色玻璃的灯具，亦可采用透光的漫射材料将灯泡遮蔽。

② 可采用保护角较大的灯具。

③ 合理布置灯具位置和选择适当的悬挂高度。

④ 适当提高环境亮度，降低亮度对比，特别是减少工作对象与背景间的亮度对比。

⑤ 采用无光泽的材料。

4. 光源的显色性

光源的种类很多，其光谱特性各不相同，因而同一物体在不同光源的照射下，将会显现出不同的颜色，这就是光源的显色性。

研究表明，色温的舒适感与照度水平有一定相关性：在很低照度下，舒适的光色是接近火焰的低色温光色；在偏低或中等照度下，舒适光色是接近黎明和黄昏的色温略高的光色；而在较高照度下，舒适光色是接近中午阳光或偏蓝的高色温天空光色。

5. 阴影

在工作物件或其附近出现阴影，会造成错觉现象，增加视觉负担，影响工作效率，在设计中应予以避免。

6.2.5　光的度量

1. 光的度量

当我们对照明设计与照明环境进行评价时，会依据光的度量。光的度量又称测光量，是对光进行定量分析、测量、计算的物理量。光线表示的方式一般以亮度为多（图 6-4），参数如下。

（1）辐射通量：光源在单位时间内发射或接收的辐射能量。单位是 W。

（2）照度：光源输出的能量叫光通量。照度，指单位面积上接收的光通量，它反映了被照物体的照明水平。单位是 lx（图 6-5）。

分类	用词	单位	读音	代表的意义
与灯泡相关用词	光通量	lm	流明	灯泡本身所具有的光通量
	光效	lm/W	流明/瓦	每消耗电力所通过的光通量。数值越高，越可以用较少的电力获得较高的亮度
	色温	K	开尔文	代表光色。数值越低，光色越接近暖色；数值越高，越接近白色；更高则近似蓝白色
	显色指数	Ra	显色指数	表示物体的颜色再现性的高低，100为最高值。越接近100,则颜色的再现性越高
与灯具相关用词	光度	cd	坎德拉	一定方向的光的强度
	辉度	cd/m²	坎德拉/平方米	代表光源或灯具时，指的是从发光面进入人眼的光通量
	灯具效率	%	百分比	灯具本身发出的光通量占灯泡整体的光通量的比例。灯泡和灯具的光效越高，越能用较少的能源获得较明亮的效果
	配光曲线	-	-	灯泡或者灯具发出光源的方式。通常代表向各个方向发出的光的强度（光度）
与空间相关用词	照度	lx	勒克斯	光照射面的单位面积的亮度(lm/m²)
	照明率	%	百分比	光源发出的光到达照射面的比例。根据房屋形状或饰面的反射系数、灯具的配光等计算出来
其他	强光	-	-	灯泡或灯具发出的直射光或照射面发出的反射光线过强 使人感到刺眼的状态

图 6-4　光的表示方式

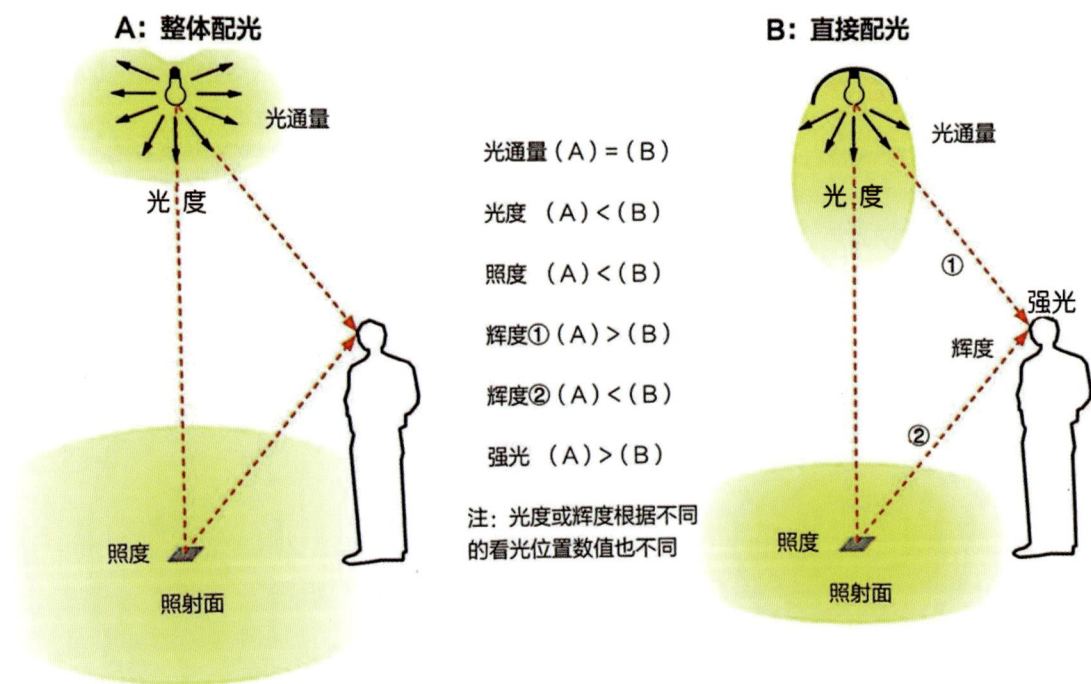

图 6-5　不同配光的不同效果

2. 亮度的限量

实验表明，眼睛能够适应一定范围的亮度（明适应和暗适应）。在这个亮度范围里人眼的辨别力没有严重的影响，也不会感到不舒适。

黑限——不能把物体从黑暗的背景中区别出来的亮度值。

亮限——物体表面过亮，使人产生不舒适的感觉时的亮度值。

3. 最佳顶棚亮度

（1）顶棚的最佳亮度主要由顶棚灯具表面的亮度决定。

（2）顶棚的亮度还取决于顶棚的高度。

（3）增加顶棚亮度可选用向上照明的灯具。若顶部灯具是完全嵌入式，如单纯依靠地面的反射光照亮，顶棚就很难达到预期的亮度。

6.3 光源与灯具

6.3.1 光源的选择

自 1879 年爱迪生发明了具有实用价值的白炽灯以来，人类进入电气照明时代。电光源按照其工作原理可以分为两大类。

第一类：固体发光光源，包括白炽灯、半导体灯等。

第二类：气体放电光源，又可分为弧光放电灯（荧光灯、高压汞灯、高压钠灯、金属卤化物灯等）和辉光放电灯（霓虹灯等）。

常用光源如下。

白炽灯：除了用在一般照明之外，白炽灯还可以用于泛光照明和装饰照明。其特点是体积小，亮度高，价格低。

卤钨灯：这是照明常用的光源，属于性能更为优越的白炽灯。价格高，但是使用寿命比较长，还节能。

低压灯带：把 1 W 左右的灯泡连接起来，灯泡间距为几厘米，这是带状装饰照明常用的光源。

荧光灯：荧光灯是利用低压汞蒸气放电激发荧光粉发光。荧光灯最大的特点就是发光率高、寿命长、经济性能好，但是体积较大，在工作时需要使用镇流器。

HID 灯：又称为高辉度放电灯（high intensity discharge lamp），一般指高压汞灯、高压钠灯的总称。

6.3.2 灯具的分类与选择

在艺术照明中，灯具的选择是非常重要的一项工作。选择灯具需要视空间情况和室内设计风格而定（图 6-6）。

（1）吊灯。

吊灯通过吊杆与顶棚相连，如普通吊灯、枝形吊灯。这类灯具适合创造室内空间的视觉中心，因而用途广泛，甚至可以看成是古典特征的再现。一般建议将这种灯用在较高的室内空间里。

图6-6 灯具形式

（2）吸顶灯。

如果顶棚较矮，可以选用吸顶灯。吸顶灯直接与顶棚相连。吸顶灯的大小要与房间的面积取得平衡（图6-7）。

（3）轨道式灯具。

轨道式灯具安装在通电的槽沟上，可以在轨道上调节位置和角度。如果是带有合适轨道的专用接头的灯具，则可以任意安装和拆卸，多用于射灯。当然，考虑到设备负荷容量的关系，射灯的数量会有限制（图6-8）。

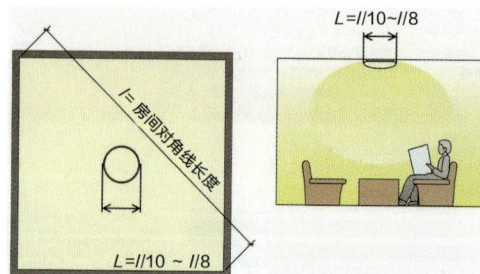

图6-7 吸顶灯大小比例

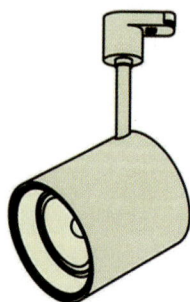

圆形

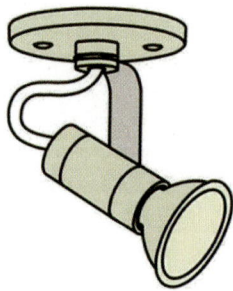

手持电筒形

方形

图6-8 射灯

（4）镶嵌式灯具。

如果不需要让人感觉到灯具的存在，则可以使用镶嵌在顶棚内开口很小的灯具。不同外形的筒灯如图6-9所示，有些镶嵌在墙面或地面的灯具，要求灯具光线柔和，避免产生眩光，因为有些灯具的安装高度低于人眼的高度。

种类	玻璃筒	白色隔板	镜面反射镜	黑色隔板	哑光反射镜	圆孔	无筒
外形图							
特征	希望突出装饰效果时使用	没有点灯时看上去比较自然	没有点灯时看上去发暗	有必要考虑与天花板颜色是否匹配	反射镜看不到反射光	希望散光时的效果较差	要求施工精准度较高

感觉到光的存在 ← → 不刺眼，感觉不到光的存在

图6-9 不同外形的筒灯

（5）荧光灯。

荧光灯具有格栅灯具、乳白色灯罩灯具和敞口型灯具多种类型，广泛使用在办公室和商店。

（6）壁灯。

壁灯直接安装在墙面上，主要是为了突出空间的重要性和装饰作用。壁灯的设计和配光曲线对其安装高度会有影响。在选择壁灯时，重点是研究灯具的外观和防止眩光，保证人眼不会直接看到光源。

（7）可移动灯具。

可移动式灯具主要指的是台灯和落地灯，而由于其灯罩和反射器的不同，具有不同的照明效果。

（8）建筑化照明灯具。

把光源隐藏在墙体或顶棚等构件中进行间接照明的方式叫作建筑化照明，如发光灯槽等。把这些壁灯巧妙地隐藏在建筑结构中，可以得到柔和的反射光（图6-10）。

（9）室外灯具。

在室外道路、庭院、广场等使用的灯具，要求具有防雨、防腐蚀和抗击打的性能。室外灯具包括门灯、庭院灯、道路灯具、建筑立面照明灯具、水池灯具等。

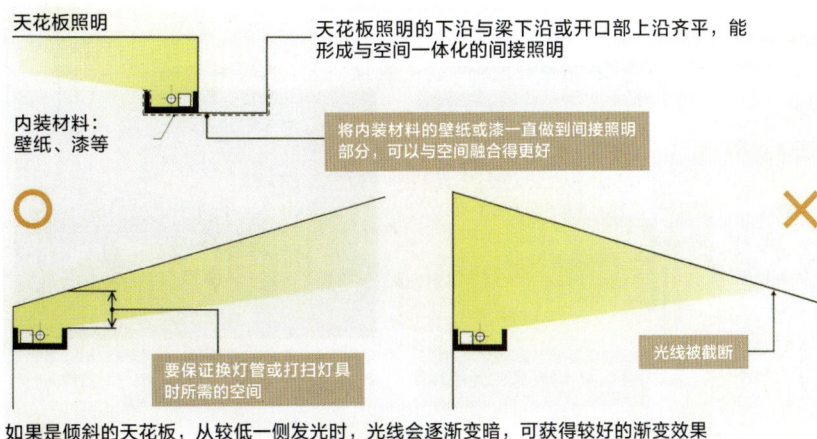

天花板照明

天花板照明的下沿与梁下沿或开口部上沿齐平，能形成与空间一体化的间接照明

内装材料：壁纸、漆等

将内装材料的壁纸或漆一直做到间接照明部分，可以与空间融合得更好

要保证换灯管或打扫灯具时所需的空间

光线被截断

如果是倾斜的天花板，从较低一侧发光时，光线会逐渐变暗，可获得较好的渐变效果

图6-10 建筑化照明的要点

6.4 照明设计的方法

6.4.1 室内照明的基本原则

1. 实用性

室内照明应满足工作、学习和生活的需要，全面考虑光源、光质、投光方向和角度，使室内空间的功能、使用性质、空间造型、色彩陈设与照明相协调，以取得整体环境效果。

2. 安全性

一般情况下，线路、开关、灯具的设置都需要有可靠的安全措施，如分电盘和分线路一定要有专人管理，电路和配电方式要符合安全标准，不允许超负荷，在危险地方要设置明显标志，防止漏电、短路引起火灾。

3. 经济性

经济性有两个方面的意义：一是采用先进技术，充分发挥照明设施的实际效果，尽可能以较少的投入获得较好的照明效果；二是照明设计要符合我国当前的电力供应、设备和材料方面的生产水平。

4. 艺术性

照明装置还具有装饰房间、美化环境的作用。所以室内照明设计应正确选择照明方式、光源种类、灯具造型及体量，同时处理好颜色、光的投射角度，以取得改善空间感、增强环境的艺术效果（图6-11）。

6.4.2 室内照明设计的基本原则

室内照明设计除了应满足基本照明质量外，还应满足以下几方面的要求。

1. 照度标准

照明设计应有一个合适的照度值。照度值过低，不能满足人们正常工作、学习和生活的需要；照度值过高，容易使人产生疲劳感，影响健康。照明设计应根据空间

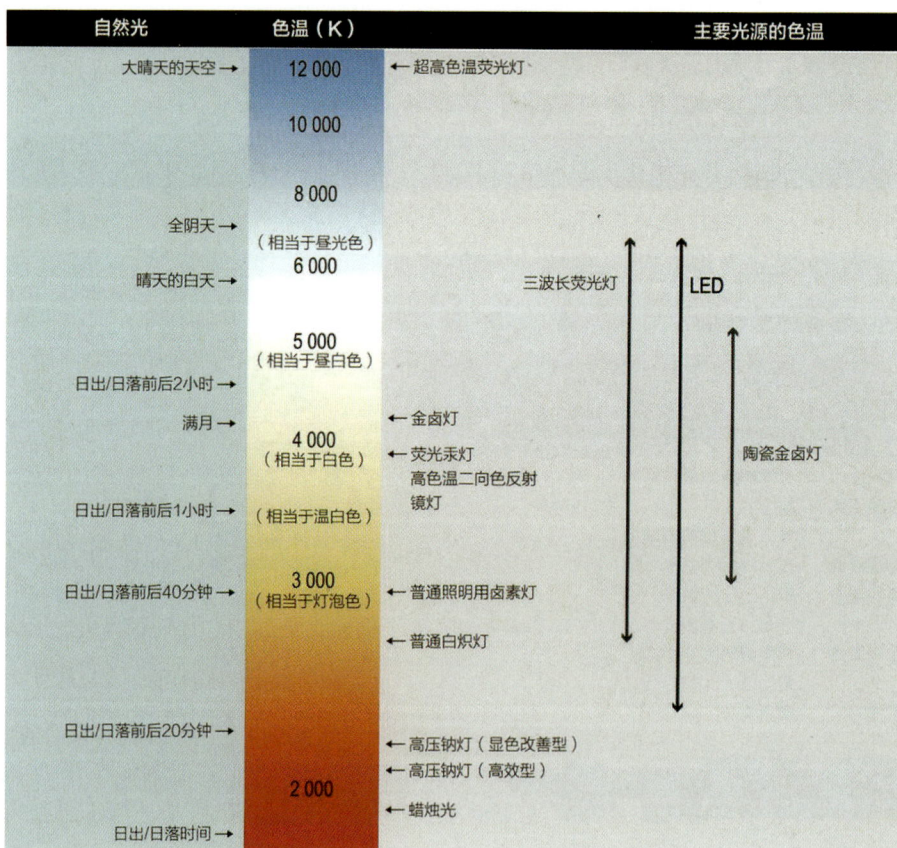

图6-11　不同光源的光色种类

使用情况，符合《民用建筑电气设计标准》GB 51348—2019 规定的照度标准。

2. 灯光的照明位置

正确的灯光位置应与室内人的活动范围以及家具陈设等因素结合起来考虑，这样不仅满足了照明设计的基本功能要求，同时加强了整体空间意境。控制好发光体与视线的角度，避免产生眩光，减少灯光对视线的干扰。

3. 灯光照明的投射范围

灯光照明的投射范围是指保证被照对象达到照度标准的范围，这取决于人们室内活动作业的范围及相关物体对照明的要求。照明的投射范围使室内空间形成一定的明暗对比关系，产生特殊的气氛，有助于人们集中注意力，例如剧院演出时灯光集中在舞台上，观众席成了暗区，把观众的注意力全部集中到舞台，烘托整个剧场的演出气氛。

4. 灯具的选择

人工照明离不开灯具，灯具不仅提供舒适的视觉条件，同时也是建筑装饰的一部分，起到美化环境的作用。灯具的选择如下。

① 吊灯是悬挂在室内屋顶上的照明工具，经常用作大面积范围的一般照明。大部分吊灯带有灯罩，灯罩常用金属、玻璃和塑料制成。吊灯用作普通照明时，多悬挂在距地面 2.1 m 处；吊灯用作局部照明时，大多悬挂在距地面 1～1.8 m 处。吊灯灯泡向上时，能照亮天花板，使空间更明亮，但用于阅读时光亮不够，需与落地灯配合（图 6-12）。

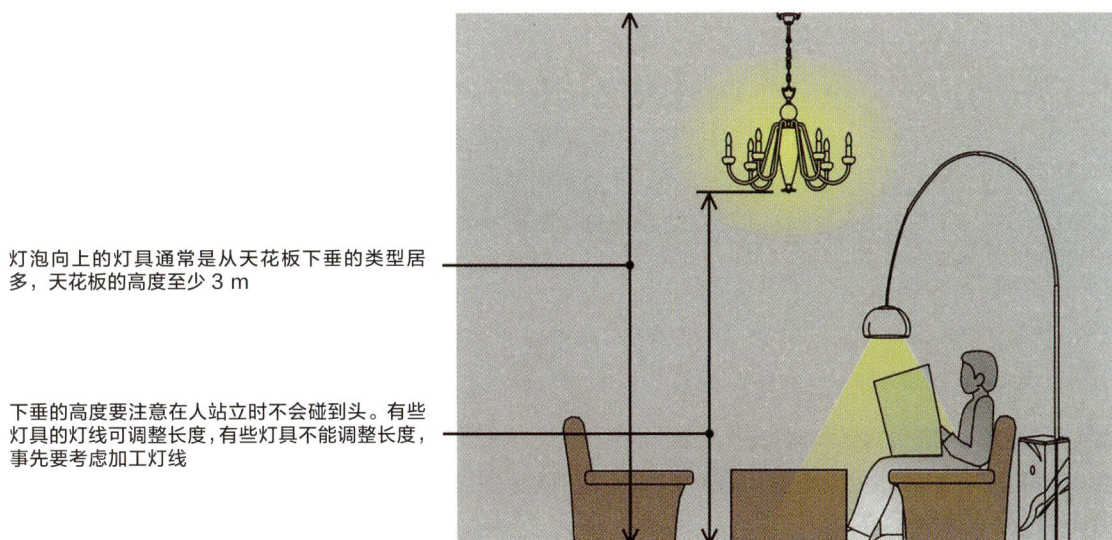

灯泡向上的灯具通常是从天花板下垂的类型居多，天花板的高度至少 3 m

下垂的高度要注意在人站立时不会碰到头。有些灯具的灯线可调整长度，有些灯具不能调整长度，事先要考虑加工灯线

图 6-12　枝形吊灯的选择方法和安装要点

② 吸顶灯是直接安装在天花板上的一种固定式灯具，用作室内一般照明。吸顶灯种类繁多，但可归纳为以白炽灯为光源的吸顶灯和以荧光灯为光源的吸顶灯。

③ 嵌入式灯是嵌在楼板隔层里的灯具，具有较好的下射配光，灯具有聚光型和散光型两种。聚光型一般用于有局部照明要求的场所，如金银首饰橱窗、商场货架等；散光型一般多用作局部照明以外的辅助照明，例如宾馆走道、咖啡馆走道等。

④ 壁灯是一种安装在墙壁建筑支柱及其他立面上的灯具，一般用于补充室内一般照明。壁灯设在墙壁和柱子

上。它除了有实用价值外，也有很强的装饰性，能使平淡的墙面变得光影丰富。壁灯的光线比较柔和，作为一种背景灯，可使室内气氛显得优雅，常用于大门口、门厅、卧室、公共场所走道等。壁灯安装高度一般为1.8～2 m，不宜太高，同一风格的灯具高度应该统一。

⑤ 轨道射灯由轨道和灯具组成。灯具沿轨道移动，也可改变灯光投射的角度，是一种局部照明灯具。主要特点是可以通过集中投光以增强某些特别需要强调的物体。轨道射灯广泛应用在商店、展览厅、博物馆等室内照明中，以增加商品和展品的吸引力。它也正在走入家庭，如壁画射灯、床头射灯等。

6.4.3　光源的位置与舒适感

传统人照光源一般以模仿太阳的照明方式为主，总是把照明器具设置在室内的几何中心，并且位于最高点。

现在正确而有效的照明位置应该依据人们活动的实际位置来确定，协调局部与整体之间的关系，加强空间意境和情调，表达出空间的层次、深度以及个性等。

在公共场合，光源的位置要高一些；当空间的私密性增强，需要营造舒适环境的时候，就要降低光源的位置。室外空间也是一样，光源位置越低，就越能表现空间的情调，光源主要用在庭院、步行道路等人们停留时间较长的地方。另外光源位置越高，越能有效地照亮大面积的空间。

根据光源位置，照明可分为以下几种。

（1）低位置、固定照明：用于重点光的显示，主要是自照式或投光式等容易产生亲近感的照明，因为接近视平线，所以要注意避免眩光。

（2）低杆照明：除了要保证亮度之外，还可以得到观赏景观的效果，增加亲近感。

（3）中杆照明：主要是为了得到高效的道路照明而使用。

（4）高杆照明方式：用于宽阔的停车场和站前广场等，可以在广阔的范围内进行高效率、经济的照明。

6.4.4　光源的要求——绿色照明

1. 绿色照明的理念

绿色照明是指通过科学的照明设计，采用效率高、寿命长、安全和性能稳定的照明电器，用于改善人们工作、学习、生活的条件，从而创造一个高效、舒适、安全、经济、有益的环境并充分体现现代文明。

2. 绿色照明的要求

绿色照明包含电光源、电器附件、灯具、配线器材等部件的合理采用。例如采用高效节能的电光源和高效节能照明灯具等。高效照明节电产品主要有紧凑型荧光灯、高压钠灯、金属卤化物灯、半导体发光二极管灯具等。

6.5　照明设计程序

回顾早期的照明设计，我们今天所认识的那些复杂的设计显然是不断改进的结果。6 世纪埃及的寺庙和君士坦丁堡的圣索菲亚大教堂天然采光的设计体现了当时的发展水平。关于照明设计，现在最大的变化就是在设计时要优先考虑新增加的多种因素。对于建筑的各个方面，照明是可以分析的，照明的重要性会随着时间、建筑物的功能和地点而变化。我们在初期设计光环境时，每个项目需要在相应阶段进行调查，作为理性分析的参考。

1. 人工照明的设计程序

人工照明的设计程序可以大致分为十个步骤。

第一步：明确照明设施的用途和目的。确定建筑室内的用途和使用目的，如确定为办公室、商场、体育馆等；确定需要通过照明设施所达到的目的，如各种功能要求和气氛要求等。

第二步：确定适当的照度。根据照明的目的选定适当的照度，根据使用要求确定照度分布。根据活动性质、活动环境及视觉条件，选定照度标准。

第三步：确定照明质量。考虑视野内的亮度分布、光的方向性和扩散性，避免眩光。

第四步：选择光源。考虑光的效果及其心理效果；发光效率比较；考虑光源的使用时间；考虑灯泡表面温度的问题。

第五步：确定照明方式。根据具体要求选择照明类型和发光顶棚设计。

第六步：选择照明器具。考虑灯具的效率、配光和高度；考虑灯具的形式和色彩；考虑与室内整体设计的协调。

第七步：确定照明器具位置。直射照度的计算；平均照度的计算。

第八步：电器设计。

第九步：经济及维修保护。

第十步：设计应考虑事项。与建筑、室内及设备设计协调；与室内其他设备（如空调、音响）统一。

2. 照明设计的指导方针

德国专家卡默博士提出优良照明设计的八条指导方针，可以在此引为参考。

（1）灯光应该给人以方向感，并能界定清楚它在时空中的位置。

（2）灯光应该是建筑和室内不可分割的一部分，即在开始时就包含在规划方案里，而不是最后才加进去。

（3）灯光应该支持建筑设计和室内设计的设计意图，而不能使其游离出来。

（4）灯光应该在一个场所内营造出一种状态和气氛，能够满足人们的需要和期望。

（5）灯光应该满足并促进人际交流。

（6）灯光应该有意义并传播一种信息。

（7）表现灯光的基本形式应该是独创性的，是设计的，不是沿袭的。

（8）灯光应该能够使我们看见并识别我们的环境。

6.6 室内环境艺术照明的要求

6.6.1 影响室内光环境的因素及处理原则

室内光环境主要受建筑和灯光两个因素的影响。灯光因素包括照明方式、光源类型、灯具形式、艺术处理方法等内容，这些因素为创造室内环境气氛提供了充分条件。合理运用各个因素的变化，可以创造出多种多样的室内光环境。

室内照明应满足以下几条原则。

（1）综合考虑灯具的各种因素。比如光的特性、光的分布、装饰色彩、材料质感、构件、组合、造型等。

（2）灯光使用应具有针对性。整体环境照明和重点对象照明应分层次区别对待。

（3）同时考虑白天和夜晚的艺术效果，特别是晚上开灯后的效果。

（4）把艺术照明形式与建筑使用要求结合起来。

（5）合理选择光源及布置灯具。

光源的选用会影响灯光艺术效果。在使用光源时，应该按房间功能、照明方式、灯具形式以及要求的环境气氛全面考虑，以便控制整个室内的光环境。在室内空间中利用光源的位置、方向和投射角度，在人和物上创造出光影效果，从而形成立体感。还可以利用光源的光强、颜色和显色性，使室内空间呈现色彩丰富的环境气氛，表现出灯光的艺术效果。

6.6.2　住宅空间照明

住宅建筑照明设计应符合下列要求：住宅照明设计应使室内光环境实用和舒适。卧室和餐厅宜采用低色温的光源；起居室、卧室宜根据需要增设局部照明；楼梯间照明宜采用定时开关或双控开关。

1. 客厅

在采用一般照明方式的同时，还应考虑辅助照明与局部照明。通常用壁灯与立灯作为辅助照明，以衬托客厅主体照明风格（图6-13～图6-15）。

2. 厨房

厨房照明要有足够的亮度，才能保证工作高效、安全。厨房通常采用吸顶灯或吊灯作为一般照明，也可采用独立开关的轨道射灯系统在厨房各个角落发挥光照作用。灯具造型应大方，方便清洁。灯具材料应具有较好的表面保护层。

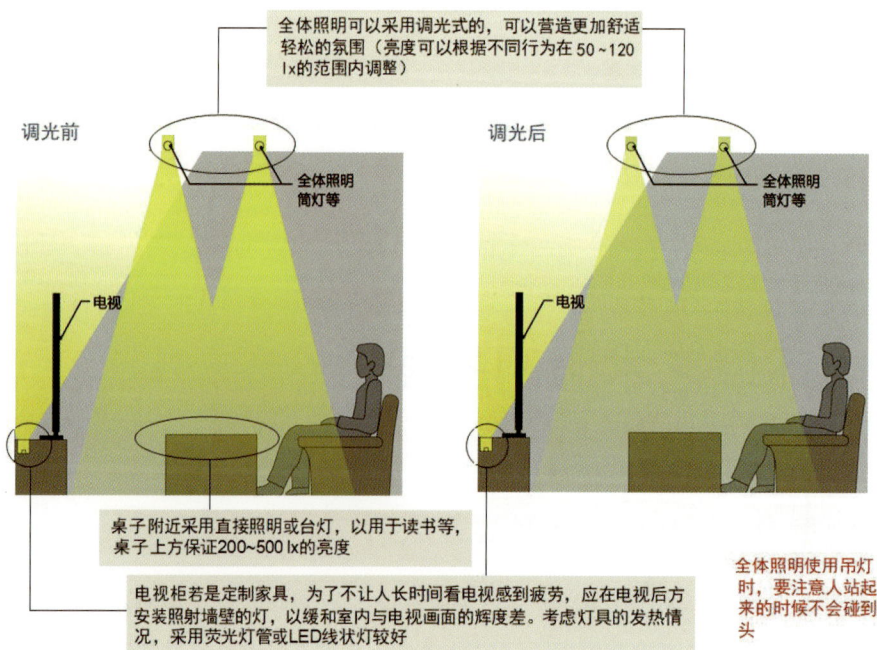

全体照明可以采用调光式的，可以营造更加舒适轻松的氛围（亮度可以根据不同行为在 50～120 lx 的范围内调整）

调光前　　　　　　　　　　　　调光后

全体照明筒灯等

电视

桌子附近采用直接照明或台灯，以便用于读书等，桌子上方保证200～500 lx的亮度

电视柜若是定制家具，为了不让人长时间看电视感到疲劳，应在电视后方安装投射墙壁的灯，以缓和室内与电视画面的辉度差。考虑灯具的发热情况，采用荧光灯管或LED线状灯较好

全体照明使用吊灯时，要注意人站起来的时候不会碰到头

图 6-13　客厅的基础照明形式一（同时采用直接照明与间接照明）

3. 餐厅

餐厅的照明应使人们的注意力集中在餐桌上。局部照明采用向下直射照明的灯具。一般以碗形反射灯具与吊灯安装在桌子上方 70 cm 为宜。若设有吧台或酒柜，则可用轨道射灯或嵌入式灯具照明，以突出气氛（图6-16）。

4. 浴室

浴室是一个使人放松的地方，因此要用明亮柔和的光线均匀地照亮整个浴室。面积小的浴室，只安装一盏天花灯就足够了；面积大的浴室，可以采用发光天棚漫射照明或采用顶灯加壁灯的照明方式。在墙上安装灯时，要注意将灯具安装在与窗垂直的墙面上，以免在窗

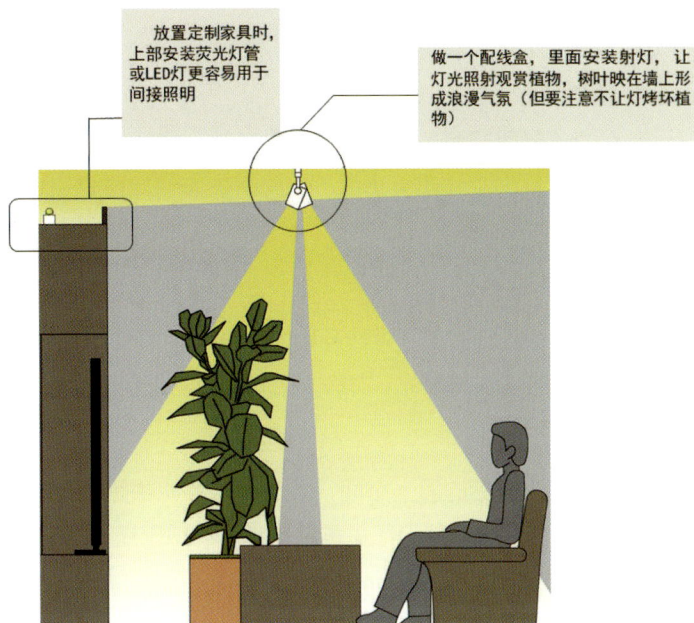

放置定制家具时，上部安装荧光灯管或LED灯更容易用于间接照明

做一个配线盒，里面安装射灯，让灯光照射观赏植物，树叶映在墙上形成浪漫气氛（但要注意不让灯烤坏植物）

图6-14 客厅的基础照明形式二（可以灵活应对各种房间布局的照明方案）

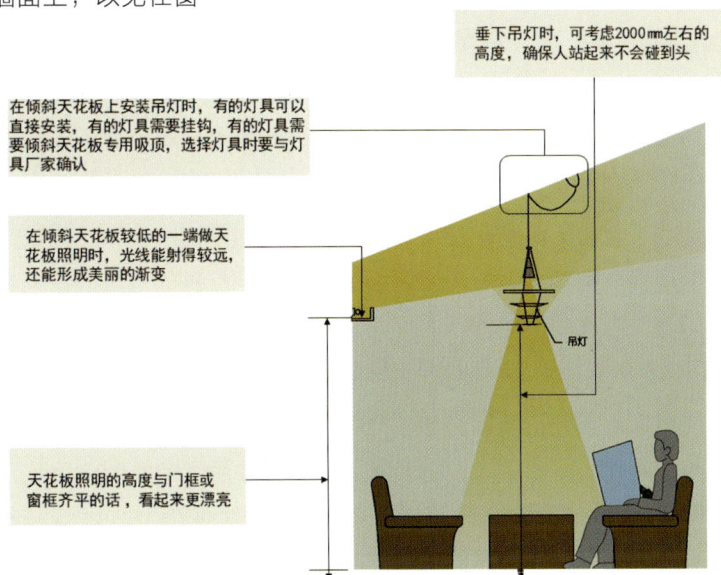

垂下吊灯时，可考虑2000 mm左右的高度，确保人站起来不会碰到头

在倾斜天花板上安装吊灯时，有的灯具可以直接安装，有的灯具需要挂钩，有的灯具需要倾斜天花板专用吸顶，选择灯具时要与灯具厂家确认

在倾斜天花板较低的一端做天花板照明时，光线能射得较远，还能形成美丽的渐变

吊灯

天花板照明的高度与门框或窗框齐平的话，看起来更漂亮

图6-15 客厅基础照明形式三（打造出美丽的渐变灯光，要从天花板较低的一端照向较高的一端）

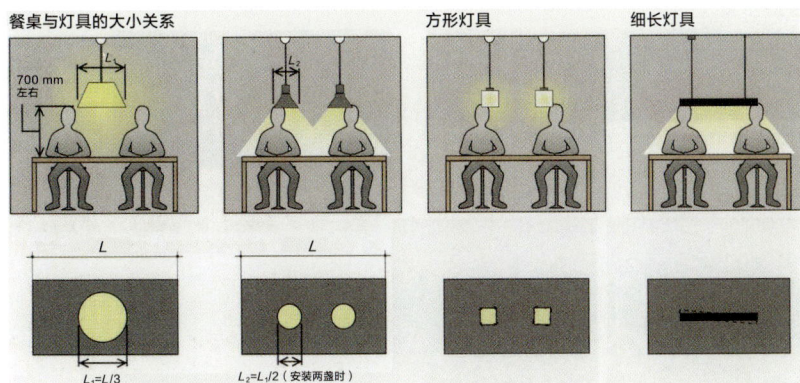

餐桌与灯具的大小关系　方形灯具　细长灯具

700 mm 左右

$L_1=L/3$　　$L_2=L_1/2$（安装两盏时）

图6-16 餐厅吊灯安装要点

上形成阴影。镜前灯不宜太亮，灯具要防潮、防锈。浴室灯具的开关最好在浴室外。

5. 卧室

卧室的一般照明气氛应该是宁静、温馨、柔和、舒适的，那些五彩缤纷的灯具一般不宜安装在卧室内。有的卧室兼具休息与工作两大功能，休息时需要低照度灯光，而工作时又需要有足够亮度，因此应安装调光器或室内的多种灯具开关控制。

6. 书房灯

人们在书房进行阅读、写作及计算机操作等工作。书房内灯具不能产生任何刺激眼睛的眩光，可采用降低亮度或配灯罩的方法去掉眩光。书房中比较常用的是荧光灯吸顶灯具。这类灯具光效比较高，光线柔和，漫射性好。

7. 门厅灯

门厅是进入居室的第一空间，照明气氛应明快怡人。门厅灯饰一般采用艺术造型灯具与嵌入式灯具或吸顶灯具，并有少量眩光，使门厅显得比较华丽。门厅还可以安装造型优美的壁灯，以增加气氛。

6.6.3 公共空间照明

1. 商业空间照明

从理论上讲，商场的一般照明就是指采用某种形式的灯具使整个商场空间充满均匀的光。而重点照明有两种：一种是陈列照明，包括单个对象的照明；另一种是商品的照明。

陈列照明通常使用圆形、窄／宽光束的聚光灯，其目的是使被照射物体与其背景相比显得更为突出，从而强调物体的形式、结构、质地和颜色。因此，陈列照明被用来强化购物者与商品之间的关系，通过呈现商品的特点来吸引顾客。现在，甚至在超市和便利店，陈列照明的手法也被大量使用。

商店建筑照明设计应符合以下要求：应防止货架、柜台和橱窗的直接眩光和反射眩光；商店营业厅照明装置的位置和方向宜考虑变化的可能；照明立体展品（如服装模特等）灯具的位置应使光线方向和照度分布有利于加强展品的立体感。

不同商品对照明的要求也不同。纺织品要注意均匀的垂直照度和水平照度，显色性好。皮革（鞋）要注意垂直照度和水平照度相接近，能表现出其外形及凹凸感、立体感和表面质地。小商品要注意垂直照度和水平照度相平衡，均匀。光源的色温与使用环境色温相近，防止眩光。玩具要用定向照明让它从背景中突出，突出表现其光泽及立体感。珠宝、钟表及艺术品要用窄光束投射，背景暗，对比度达 1 ∶ 50，注重效果。陶瓷及半透明瓷器应用定向照明突出其质地，半透明感，必须避免强烈的对比和阴影，也可用环境照明烘托。植物花卉适合用照度来表现成长感，新鲜感，呈现较好的显色性（图 6-17 ～图 6-19）。

2. 展示空间照明

陈列室照明质量的要求如下。

（1）在展览馆入口应设过渡区，注重照明和均匀度。

（2）眩光限制：在观众观看展品的现场，不应该有来自光源或窗户的直接眩光或来自各种物体表面的反射眩光。

（3）注意选择合适的光源颜色。

（4）确定陈列室表面的颜色和反射比。

（5）选择合适的光源和灯具（图 6-20 ～图 6-22）。

图 6-17　书店照明

图 6-18　零食卖场照明

图 6-19　手表专卖店照明

图 6-20　展示空间照明（例一）

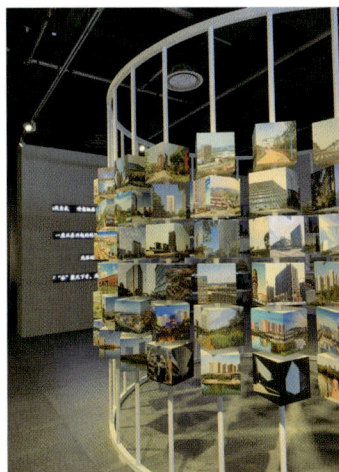

图 6-21　展示空间照明（例二）

图 6-22　展示空间照明（例三）

3. 办公空间照明

办公室几乎都是白天使用，因此人工照明应与自然采光结合从而形成舒适的照明环境。总的来说，办公室照明设计应符合下列要求：长时间有人连续工作的办公室、阅览室和计算机显示屏等工作区域，宜控制反射眩光；视觉作业的邻近墙面以及房间内的装修表面宜采用无光泽的装饰材料；营业柜台或陈列宜增设局部照明。

课后
思考

（1）室内光环境设计原则有哪些？

（2）光源的类型有哪几种？

（3）选择灯具应该从哪几个方面来考虑？

（4）以快餐餐厅的室内空间为例分析其在光环境设计中应该注意的事项。

07 人性化室内设计

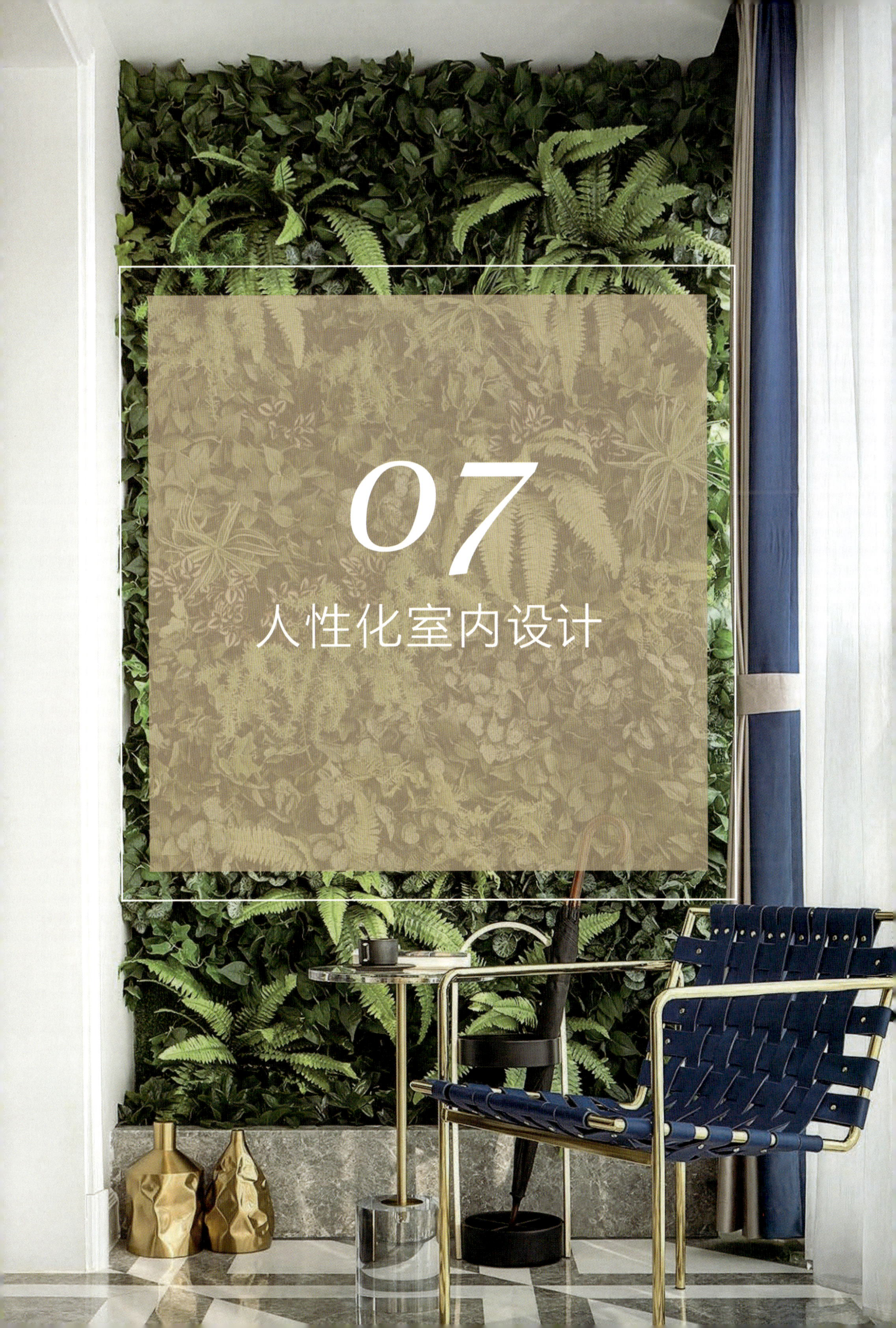

掌握室内设计的概念；掌握室内设计的分类；了解室内设计的发展简史，每个发展阶段室内设计的特征及其对现代室内设计的影响；了解室内设计的行业要求及发展趋势；对室内设计有基本的认识。

在室内设计工作中，人性化装饰设计是非常重要的设计方向，会直接给人带来重要的影响。人性化设计会根据人的行为习惯、心理情况、思维方式、人体的生理结构（图 7-1）等，在原有设计的基本功能上对室内环境进行优化，让使用者更加舒适和方便；人在室内空间中的舒适度、安全性、光环境、声环境等都会体现在人性化设计的细节上。

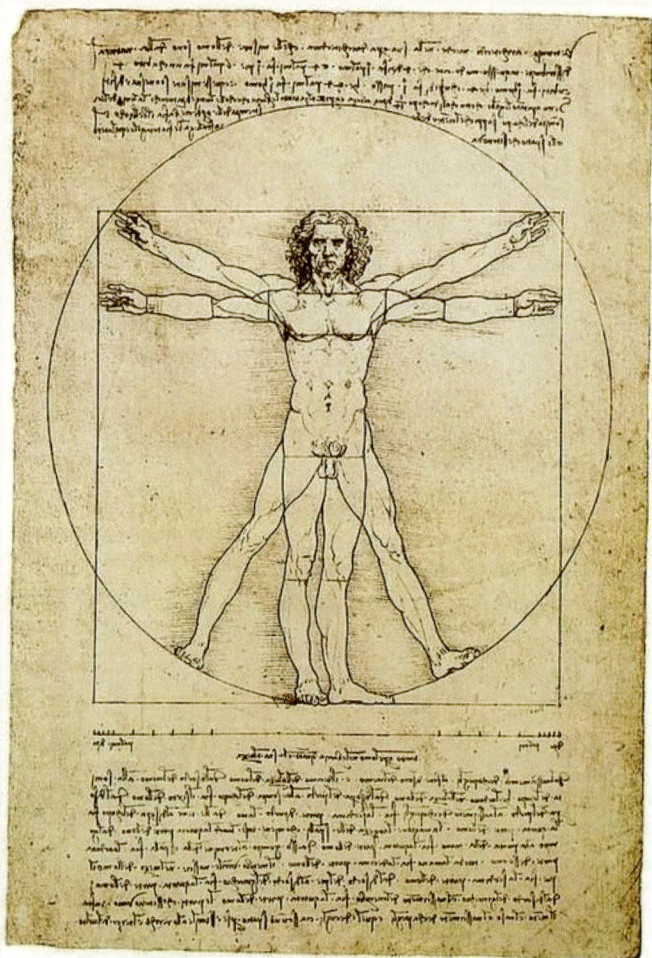

图 7-1 达·芬奇人体黄金比例

7.1 基本人性需求

7.1.1 活动者

在室内空间中，不同的人群活动范围与需求都不一样，所以在室内空间设计除了在空间功能、设施外形、尺度上要满足大部分人群的需求外，还需要针对小部分人群（老人、残疾人、孕妇等弱势群体）进行细节上的设计，满足不同人群的需要（图7-2）。

7.1.2 舒适性

人的一生中大部分时间都是在室内度过的，因此室内空间的舒适性也是检验人性化室内设计的标准之一（图7-3）。室内空间的尺度、色彩、材质等都会决定室内空间的舒适性，因此应处理好空间尺度、色彩、材质等之间的关系。随着科技的发展，室内设计与先进的科学技术结合，从而达到室内空间中艺术、科技、生活的整体性结合，这也是对人性化室内设计中功能、形式与技术的总体性协调，通过对物质条件的塑造与精神品质的追求，以创造舒适的生活环境为最高理想与最终目标。

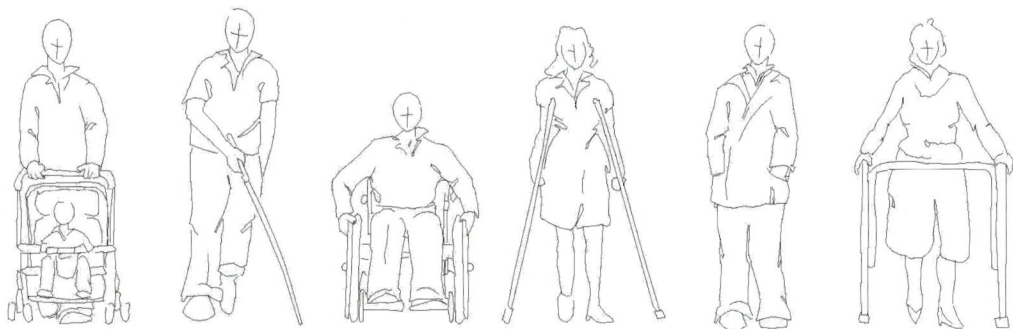

图7-2　使用人群

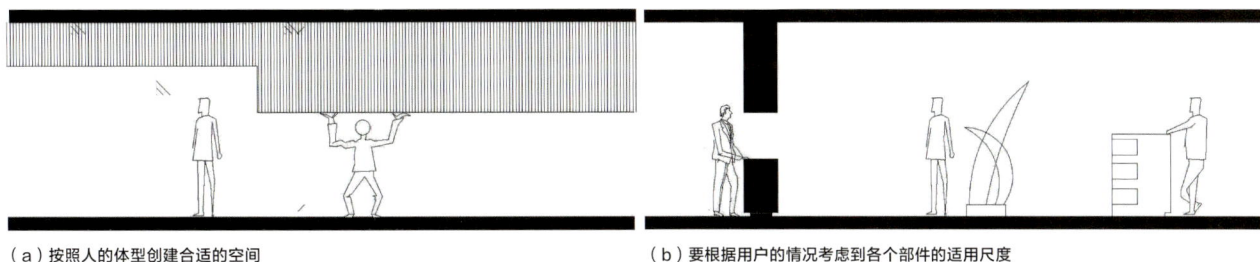

（a）按照人的体型创建合适的空间　　　　　　　　　　　　　（b）要根据用户的情况考虑到各个部件的适用尺度

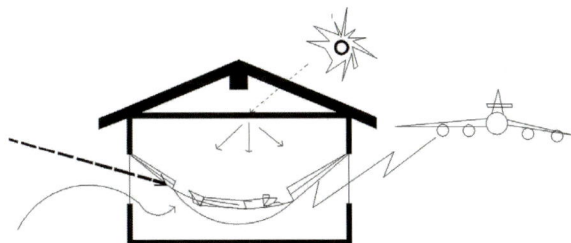

（c）功能性以及美观性对室内环境空间的体验起着重要作用

图7-3　舒适的室内空间设计

7.1.3 光线与声音

从古至今，光是人类生存和生活的重要元素，人需要依靠光线才能看见物体，尤其是夜晚，光显得尤为重要，人类也离不开光。依靠光环境进行人性化室内设计能够让人产生不同的感受，进而使人产生了对空间的大与小、空间的冷与暖等一系列心理上的感觉。在我们的生活中，光包括了自然光和人工光。自然光是指天然光，它包括直射光、散射光，它除了能够满足人们对照明的需求外还能给人情感上的温暖。在室内空间中，设计师需要分析项目的采光情况，尽量将采光度最大化，将需要良好采光的房间设置在光线较好的位置，并用遮阳设备来控制光线强度（图7-4）。人工光包括主光、辅助光、轮廓光、背景光、装饰光、效果光、场景光，它是指人类利用各种照明工具通过不同的光线组合对室内进行照明，这种照明不仅要符合照度的要求，同时还需要营造出环境的氛围。

室内设计中，声音的设计主要针对家庭影院、录音室、影剧院、KTV、多功能厅等具有较高声学要求的空间。室内空间是一个封闭的空间，所以声波会受到室内界面的影响，比如会通过地面、墙面、顶面进行吸收和反射。在人性化室内空间设计中，设计师需要根据房间的尺寸、大小、墙面与顶面的情况，采用一定的吸音材料，比如吸音板、吸音棉等来减小声音的反射，让整个空间更加具有私密性。在室内空间设计中有时两个部门共用一间房间，无法将部门分隔得太开，这时可以利用隔离元素来减少声音的传播（图7-5）。

在室内空间设计中，如果有噪声较大的设备，在设计的时候可以将这些设备放置在单独的房间中（图7-6），在条件允许的情况下，也可以将这些设备设置在较偏远的位置。

在规划入口位置的时候，在保证空间美观性的同时也要考虑到隔音性，以避免不必要的声音传播（图7-7）。

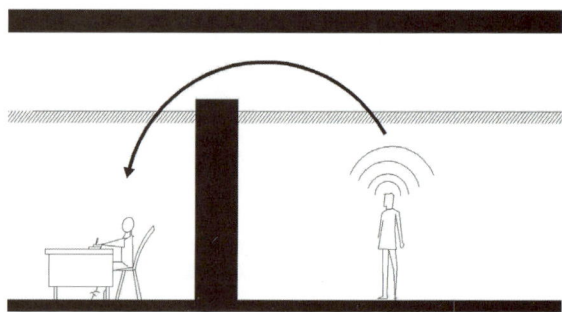

图7-5 声音隔离

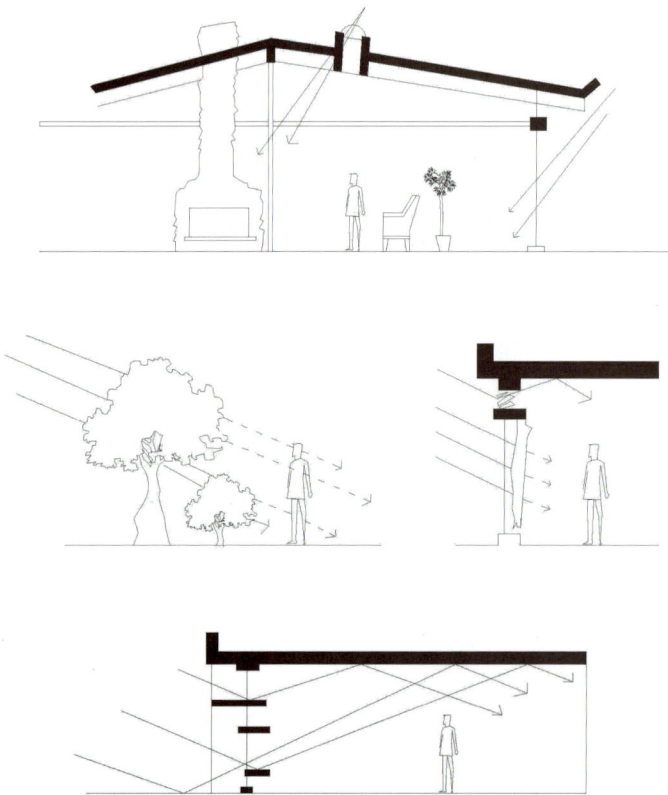

图7-4 采光分析

图7-6 将设备单独设置在房间

7.1.4 人体测量学

人体测量学主要是研究人体测量和观察方法，并通过人体整体测量与局部测量来探讨人体的特征、类型、变异和发展，从而以推测出人体大概的活动范围，确定设计的规格（图7-8）。人体测量包括了形态测量、运动测量、生理测量。形态测量是指形体尺寸、体积、体面面积等；运动测量是指测量关节的活动范围和肢体的活动空间，比如动作过程、动作规范等；生理测量是指测量生理现象，如疲劳测定、触觉测定、活动范围测定等。

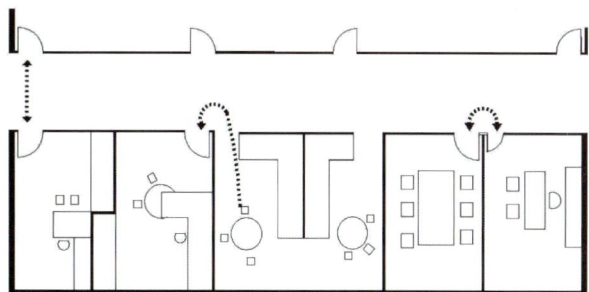

图7-7　开门位置设置

人在静态状态下测得的头、躯干、四肢等的尺寸，被称为人体静态尺寸；人在活动期间测得的尺寸称为人体动态尺寸（图7-9）。我们还需要测量人体的重量和推拉力，目的在于科学设计人体支撑物、工作面的结构以及合理确定门窗的开启力和抽屉的重量。

用户的活动范围受人体测量数据以及弯腰、跪立、斜靠以及伸展能力的影响。一般来说，在垂直方向上有69～137 cm的活动距离，水平方向上有61 cm的伸展距离，这对大多数用户来说都是较为合适的（图7-10）。

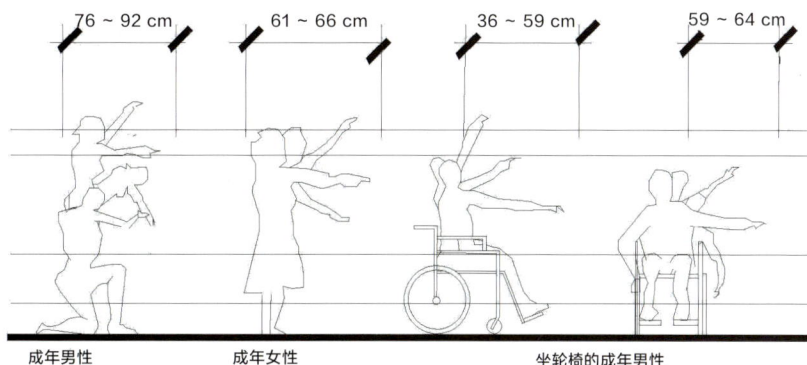

图7-8　人体尺度

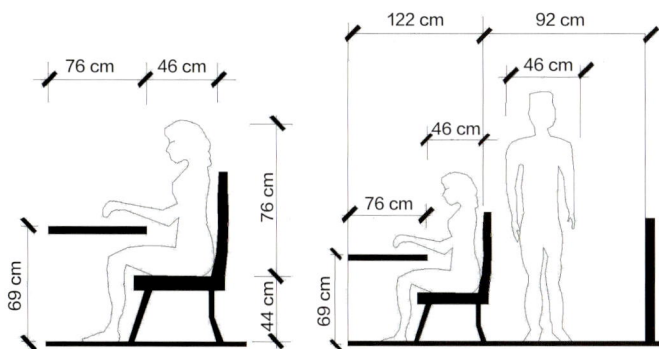

图7-9　女性坐姿及后方走廊推荐尺寸

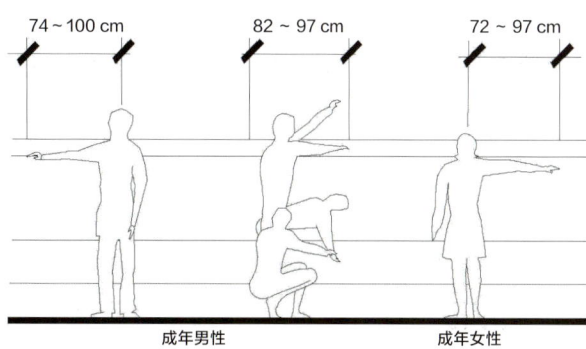

图7-10　空间活动范围

7.2 通用设计原则

通用设计原则是指室内空间中环境以及社交状况能够满足各种人群的需求。这类人群包括了依靠轮椅或其他辅助物体（如拐杖或学步车）来进行移动的群体。这里将通用原则整理为七个原则。

（1）同等性原则：为所有的人群提供相同的使用条件，所有人群都应有同等的空间私密性及安全性。

（2）弹性原则：设计要能够满足不同人群的需求，如在空间的使用方法上为体验者提供多种选择；考虑到习惯使用左手和右手的人群；帮助用户更加精准有效地利用空间。

（3）简单性原则：避免不必要的复杂设计；提供多国语言支持；按照体验者的预期和直观感受来进行设计。

（4）信息识别性：在设计中应有效地向用户传达各种必要信息；可通过图片、语言等形式对信息进行展示；要让核心信息得到充分显示。

（5）故障预警原则：在设计中要提高安全性，预防偶发的、不可预知的危险。合理规划各项因素，将各种危险元素最小化、隔离化、隐藏化。

（6）降低疲劳度原则：设计中避免让用户有重复性动作以及持续性的体力活动，设计的空间应该能得到高效利用，并且能够提供一定的舒适性，将用户的疲劳度最小化。

（7）尺度合理化原则：空间的大小范围应该合理，用户应能够轻易接触和使用空间内的各种物品。

7.3 特殊人群设计原则

特殊人群在心理和生理上的需求有别于正常人，这类人群在室内环境中对日常家具的形态与使用条件有特殊的要求，这类人群包括老年人、儿童、孕妇、残障人士等。针对这类特殊人群，室内空间设计应考虑无障碍设计。在设计中从独立、参与、安全的方面考虑，对室内空间中的家具、尺度、色彩、结构、材质等方面进行分析与研究，增加人性化设计，使之符合生理、心理以及行为需要。

老年人：老年人生理机能退化，体力下降，反应和行动迟缓，视力下降，他们身体各个部位活动的范围与成年人相比会有所减小，在设计上应该考虑增加辅助性或保护性措施。

儿童：这里将儿童的年龄定义为 2～12 岁，儿童除了考虑其身高外还要考虑其好动、好奇的特点，所以在安全问题上要格外注意。室内空间设计多采用圆角设计与安全材料。

孕妇：孕妇行动迟缓，所以在地面设计上要进行防滑处理，并增加安全扶手。

残障人士：借轮椅行动的残障人士，需要正面才能接触物品，轮椅前方的踏板对向前的够触动作也会产生一定阻碍。在坐姿状态下，他们的视线高度也会比正常站姿的视线高度低 30 cm（图 7-11）。

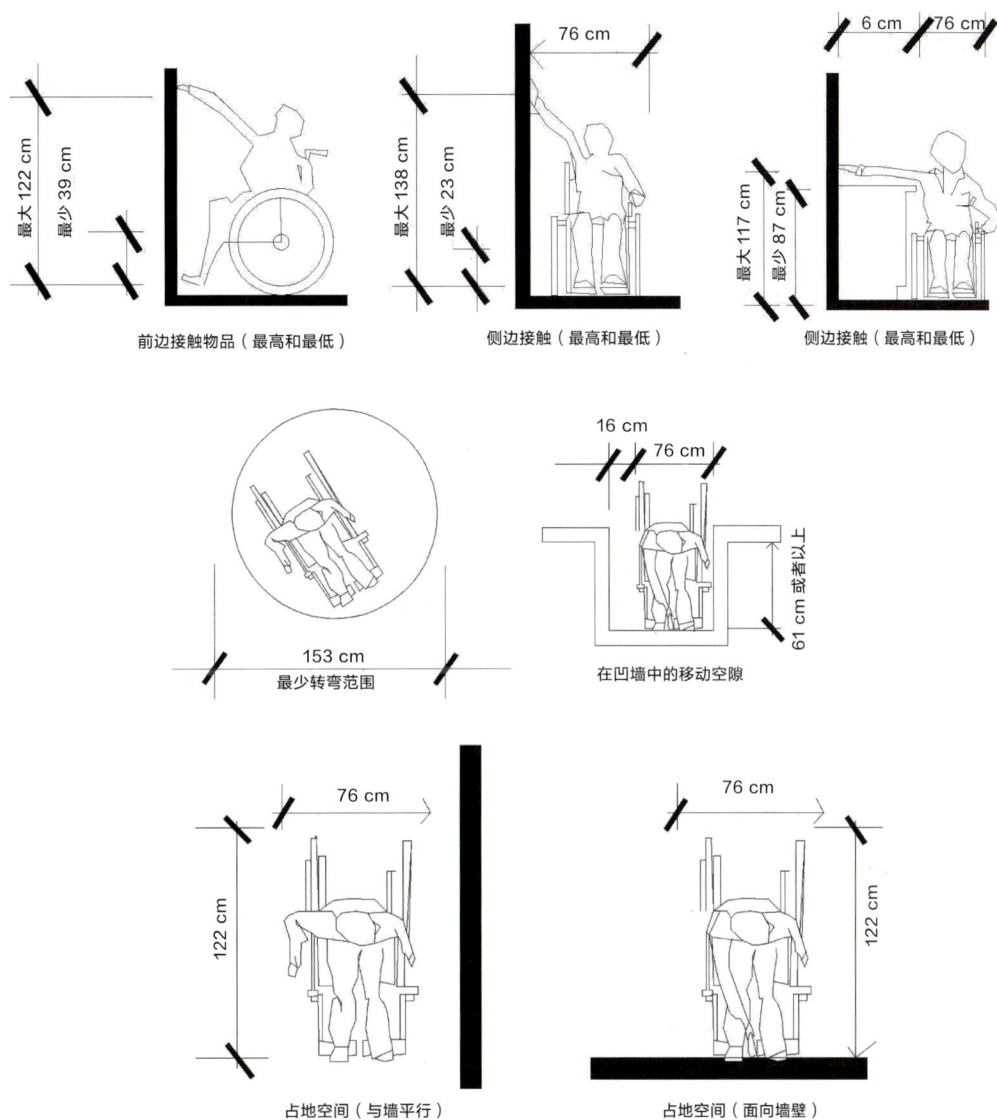

前边接触物品（最高和最低）　　侧边接触（最高和最低）　　侧边接触（最高和最低）

最大 122 cm　最少 39 cm　最大 138 cm　最少 23 cm　最大 117 cm　最少 87 cm

76 cm　6 cm　76 cm

153 cm
最少转弯范围

16 cm　76 cm
61 cm 或者以上
在凹墙中的移动空隙

76 cm
122 cm
占地空间（与墙平行）

76 cm
122 cm
占地空间（面向墙壁）

图 7-11　残障人士活动范围

　　该案例为一个多层建筑的三个楼层，需要乘坐电梯才能到达。平面图给出的楼梯为紧急逃生出口。要求为这三个楼层划分出三个或四个不同尺寸的用户空间。请对每一层楼进行分析，并设计不同的空间规划方案。在空间中还需要设计一条公共走廊，以连接每个用户空间以及逃生出口（图 7-12）。

　　任务要求如下。

① 每个空间出入口的数量都需要满足规定。

② 当一个空间需要设置多扇门的时候，这些门的设计要求应满足规定。

③ 合理利用楼层空间。

④ 避免出现无出路的走廊。

⑤ 避免出现不合理的走廊形状。

⑥ 避免将位于电梯间外或旁边的大厅空间设置得过大。

⑦ 主逃生门应该向着移动方向开合。

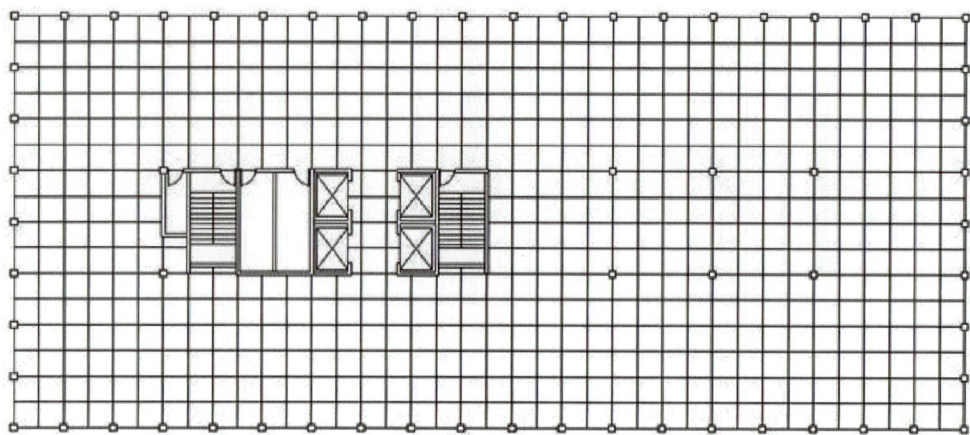

（a）建筑1

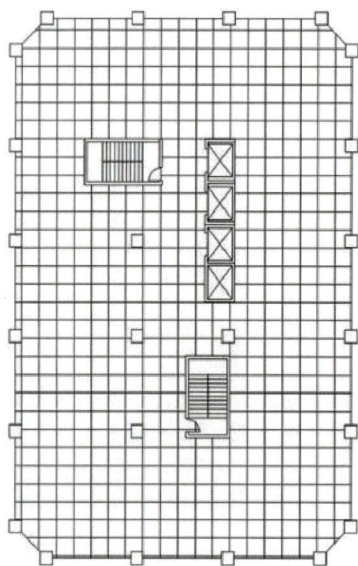

（b）建筑2

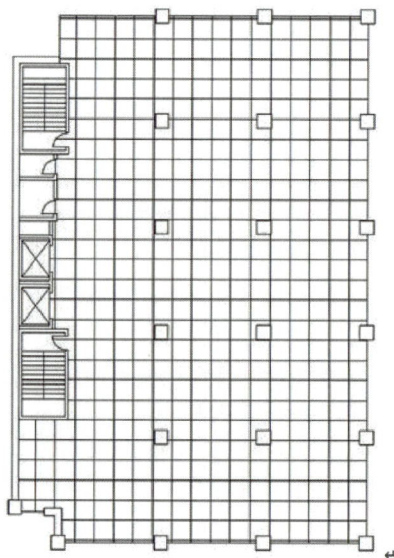

（c）建筑3

图 7-12　楼层平面图

课后思考

（1）简述人体测量学的内容。

（2）人性化设计的通用设计原则是什么？

（3）以幼儿园教室设计为例，简述针对儿童的人性化室内设计。

08

室内家具与软装陈设

掌握家具设计的基础知识和技能，家具设计的范畴、设计程序、设计原理。学生通过学习本章内容，应能够解决现代室内设计中的细部设计和后期软装陈设设计等问题，能够合理搭配家具及软装陈设，营造恰当的室内空间氛围。

在室内空间中，人的工作和生活方式是多样的，不同的家具组合，能够营造出不同的室内空间。例如沙发、茶几、电视柜、灯饰和音响可以组成起居、娱乐和会客空间；餐桌、餐椅和酒柜可以组成就餐空间；电脑桌、书柜、书桌和书架可以组成书房或办公空间；床、床头柜、梳妆台和衣柜可以组成卧室空间。

家具是人们生活的必需品，不论是工作、学习、休息，都离不开相应的家具。此外，生活中的许多用品也需要相应的家具来收纳、隐藏或展示。因此，家具在室内空间占有很重要的地位，对室内环境效果起着重要的影响。以图 8-1 为例，分析室内装饰工程的细部处理，如何通过材料、结构、色彩、软装等方面的设计，达到渲染空间氛围、强调空间性格、增强室内设计效果的目的。

图 8-1　中餐厅室内空间设计

8.1 室内家具的选择与类型

室内家具占软装设计的 60%，家具的选择决定了整个空间营造的格调与品质。家具的风格与室内硬装设计的风格要统一。家具按风格分类有以下几种。

8.1.1 传统中式家具

传统中式家具主要以明清时期家具造型原型传承下来的家具体系。传统家具作为东方家具的象征，以其端庄、沉稳的造型和精湛的工艺，展现古朴、典雅的气派，积淀着中国传统文化的深厚底蕴。传统中式家具材质包括紫檀、黄花梨、楠木、鸡翅木等。明式家具具有简练、淳朴、厚拙、凝重、圆浑、沉稳的特点。清式家具讲究华丽装饰，求多求满，具有豪华、富丽和大富大贵的效果。在图案选择上，明式家具多取材于自然界的植物、动物、风景题材和代表吉祥寓意的图案，如万字纹、如意纹、云纹等。清式家具常用代表吉祥兆头的纹样，如龙、凤、鹿、鹤、蝙蝠，以及回纹、云纹、蝉纹、雷纹等纹样，适用于古典、雅致的室内空间（图 8-2～图 8-5）。

图 8-2 中式家具在住宅中的应用一

图 8-3 中式家具在住宅中的应用二

图 8-4 传统圈椅

图 8-5 传统官帽椅

8.1.2 新中式家具

新中式家具传承了古典中式家具的形态，保留了原有家具的精华元素，除去烦琐的雕饰与厚重的结构，结合现代人的居住习惯和审美要求，将经典文化底蕴与现代技术相结合，形成的一套新中式家具体系。

新中式家具的特点是古典、优雅，色彩上以朱红、绛红、咖啡色、原木色等为主。新中式家具营造的是一种安逸、静谧的心境。舒缓灵动的线条，圆润的木材肌理，充满质感的艺术效果，满足了人们对生活归属感的渴望，适用于典雅、安逸、归隐的室内空间（图 8-6～图 8-8）。

图 8-6 新中式家具在住宅中的应用 　　　　　　　图 8-7 新中式家具一 　　　　图 8-8 新中式家具二

8.1.3 古典欧式家具

古典欧式家具，一般是指17—19世纪的工匠们专门为皇室贵族制作的手工家具。这种家具的风格历经数百年的变化，一直没有改变它精雕细刻、精益求精的特点。欧式古典风格家具的最大特点是富于装饰性。提起古典欧式家具，总会让人联想到欧洲深厚的文化底蕴，几百年传承下来的文化在家具中得到完美的体现。古典欧式家具主要包括意大利风格家具、法国风格家具、西班牙风格家具、德国风格家具（图8-9、图8-10）。

欧式沙发是沙发的鼻祖，来源于17世纪的法国。当时的沙发主要用马鬃、禽羽、植物绒毛等天然的弹性材料作为填充物，外面用天鹅绒、刺绣品等织物覆盖，以形成一种柔软的表面。欧式沙发大多色彩典雅、线条复杂，展现出高贵、典雅又不失浪漫的气质。采用框架加垫子的结构，铁艺的框架和布艺完美结合，呈现出特别的设计感，看起来就很舒适（图8-11）。

图 8-9 古典欧式椅 　　　　　图 8-10 古典欧式贵妃椅 　　　　　图 8-11 古典欧式床

古典欧式家具造型装饰多运用贝壳的曲线、褶皱和弯曲形构图分割，装饰烦琐、华丽，色彩绚丽多姿，大量运用中国卷草纹，具有轻快、流动、向外扩展的装饰效果。

8.1.4　新古典主义家具

新古典主义家具追求对称，突出水平和垂直结构的设计，强调表现结构的力度，造型稳重，线条简洁，以简约的直线取代了烦琐的曲线。桌椅腿由洛可可时期的曲线造型变成新古典主义的垂直造型，在造型上简单化，更注重实用性。家具颜色多为白色、金色、银色甚至是黑色等中性色，材料使用金箔、宝石、水晶、青铜、皮革、丝绒等。新古典主义家具以华丽的装饰、浓烈的色彩、精美的造型著称于世（图8-12～图8-15）。

新古典家具追求简洁和自然美，但同时又保留了欧式家具的线条轮廓特征，仍可以很强烈地感受传统的历史痕迹与浑厚的文化底蕴，又摒弃了古典主义浮躁的肌理，简化了线条，具备古典与现代的双重审美效果。

图8-12　新古典主义沙发一　　　图8-13　新古典主义沙发二　　图8-14　新古典主义椅子一　　图8-15　新古典主义椅子二

8.1.5　北欧风格家具

北欧风格以简洁著称于世，并影响到后来的极简主义和后现代主义等风格。北欧风格家具以简约著称，注重流畅的线条设计，代表了一种时尚、回归自然，崇尚原木韵味，外加现代、实用、精美的艺术设计风格，反映出现代都市人进入新时代的旋律。木材是北欧风格装修的灵魂。它所运用的主要材料有上等的枫木、橡木、云杉、松木和白桦木等，材料本身所具有的柔和色彩、细密质感以及天然纹理非常自然地融入家具设计，展现出一种朴素、清新的原始之美，代表着独特的北欧风格（图8-16～图8-23）。

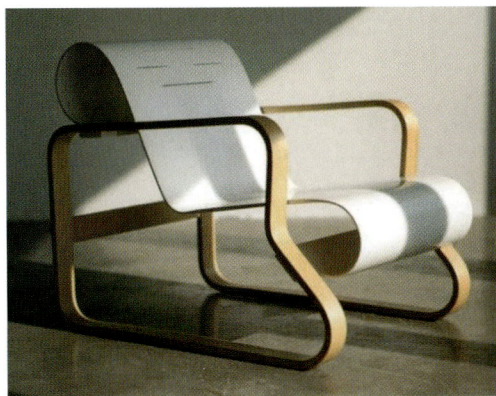

图8-16　帕米欧椅　阿尔瓦·阿尔托（芬兰）　　　图8-17　60号凳子　　　图8-18　蛋椅　雅各布森（丹麦）
　　　　　　　　　　　　　　　　　　　　　阿尔瓦·阿尔托（芬兰）

图 8-19　天鹅椅
雅各布森（丹麦）

图 8-20　Y 椅
汉斯·瓦格纳（丹麦）

图 8-21　孔雀椅
汉斯·瓦格纳（丹麦）

图 8-22　北欧风格家具组合一

图 8-23　北欧风格家具组合二

8.1.6　现代风格家具

现代风格家具在家具行业里居于主流地位，以功能性强、个性鲜明、尺度合理、方便拆装等特点，一直占领着家具市场的重要领域。现代风格家具作为划时代的设计产品，具有特有的美学和设计学价值。家具造型除了常用的木材、金属、塑料外，还有藤、竹、玻璃、橡胶、织物、装饰板、皮革、漆面、海绵等。色彩多以黑、白、灰、金属、玻璃等高雅灰色调，或以明快的、饱和度较高的色彩彰显时尚个性（图 8-24 ～图 8-27）。

图 8-24　现代风格家具一

图 8-25　现代风格家具二

图 8-26　现代风格家具组合一

8.1.7 轻奢风格家具

轻奢风格家具蕴含着大量的设计细节，比如自带高雅气质的金色元素、纹理自然的大理石、高雅时尚的丝绒、艺术线条与挂画、优雅的灯光、具有设计感的摆件、反光材质等，通过丰富的软装细节展示出令人着迷的精致感。它注重气质表达，以简约为基础，通过精致软装元素凸显质感，既不盲目张扬，又有着独特品位。轻奢风格家具在基础配色上呈现出更加低调、优雅的一面，主要有驼色、象牙色、奶咖、黑色和炭灰色（图 8-28～图 8-30）。

图 8-27 现代风格家具组合二

图 8-28 轻奢风格家具一

图 8-29 轻奢风格家具二

图 8-30 轻奢风格家具三

8.1.8　意大利式极简风格家具

在纷繁喧闹的都市中生活，人们更加渴望一种极简轻松的格调，而在简约中融合高贵与时尚的就是意大利式极简风格。意大利式极简风格家具，透着高贵的气质和无所不在的艺术感染力。意大利式极简风格家具以简单到极致为追求，减少了很多非必要的元素，其关注的是功能而非形式。整洁无杂乱的外观所呈现的质感令人感觉舒适。意大利式极简风格家具让生活慢下来。意大利人崇尚"慢"，家具除了能满足生活需要，最重要的是兼具艺术美感，在空间中散发强烈的存在感，不失典雅与浪漫。意大利式极简风格家具的颜色常采用黑、白、灰、奶白色、金色、驼色、灰橘色、灰蓝色等，材质多用皮革、烤漆面、金属等（图 8-31～图 8-34）。

图 8-31　意大利式极简风格沙发一

图 8-32　意大利式极简风格沙发二

图 8-33　意大利式极简风格矮柜

图 8-34　意大利式极简风格床

8.1.9　东南亚风格家具

东南亚风格是一个结合东南亚民族的亚热带岛屿气候特色形成的一种具有民族格调的风格。东南亚风格家具抛弃了复杂的装饰和线条，而代之以简单、整洁的设计，营造一种清凉、舒适的感觉。简单的外观，牢固的结构，精致的藤编，为家居生活打造出一种和谐自然的味道。家具的材质多为藤条与木片、藤条与竹条、柚木与草编、柚木与不锈钢的组合，各种编制手法和精心雕刻混合运用。色彩大多以自然的藤木色、深棕色、黑色等深色系为主，令人感觉沉稳大气（图 8-35～图 8-38）。

图 8-35　东南亚风格家具一

图 8-36　东南亚风格家具二

图 8-37　东南亚风格家具三

图 8-38　东南亚风格家具四

8.2 室内软装饰艺术品的使用与甄选

在室内软装饰设计中，艺术品的陈列往往在室内空间中起到画龙点睛的作用。风格各异的家具能够满足室内的基本功能需求，装饰品的选择则可以体现出居住者的审美品位和艺术追求，精致的艺术品也包含了设计者想传达的一种愉悦的、优雅的生活精神。装饰艺术品种类较为丰富，需要根据不同的室内空间的风格选择适合的饰品类别和样式。

8.2.1 新古典主义装饰品

新古典主义装饰品主要用于具有欧式新古典风格家居和文化底蕴的居住环境。饰品的造型精雕细琢，镶花刻金都给人一丝不苟的印象。装饰品材质多为铜质、铁艺、玻璃、水晶、陶瓷、银、铝合金、树脂等。色彩有金色、银色、黑色、白色、卡其色等（图8-39～图8-44）。

图 8-39　新古典主义装饰品一

图 8-40　新古典主义装饰品二

图 8-41　新古典主义装饰品三

图 8-42　新古典主义装饰品四

图 8-43　新古典主义装饰品五

8.2.2 北欧风格装饰品

北欧风格呈现一种朴实自然的生活状态，强调了实用因素和人文因素，从而使室内家居氛围富有北欧风情。北欧风格装饰品质朴天然，主要使用柔和的中性色进行过渡，自然清新，大多以植物盆栽、相框、蜡烛、玻璃瓶、线条清爽的雕塑进行装饰。装饰品的材质有陶瓷、水晶、木制、棉麻等，色彩为卡其色、枯树色、白色、粉蓝、粉绿、粉红等饱和度偏低的色系（图8-45～图8-50）。

图 8-44　新古典主义装饰品六

图 8-45　北欧风格装饰品一

图 8-46　北欧风格装饰品二

图 8-47　北欧风格装饰品三

图 8-48　北欧风格装饰品四

图 8-49　北欧风格装饰品五

图 8-50　北欧风格装饰品六

8.2.3 新中式装饰品

新中式装饰品的选择讲究中国文化中的礼数与寓意，多采用具有文化内涵的物件，包括字画、匾幅、挂屏、盆景、瓷器、古玩、屏风、博古架等，追求一种修身养性的境界。新中式装饰品的造型摒弃烦琐的装饰线条，采取传统文化符号和元素进行抽象处理，利用现代材料进行创新。材质常用木制、陶瓷、石材、藤编、织布等，色彩多用黑、白、灰、青、红、黄等，符合新中式家具追求内敛、质朴的设计风格（图8-51～图8-55）。

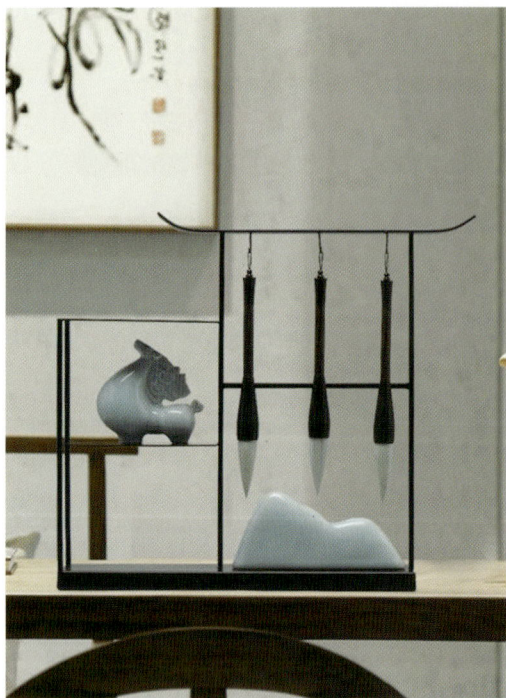

图 8-51　新中式装饰品一

图 8-52　新中式装饰品二

图 8-53　新中式装饰品三

图 8-54　新中式装饰品四

图 8-55　新中式装饰品五

8.2.4 现代风格装饰品

现代风格装饰品多以现代的几何线条和简约的造型为基础，配合玻璃、木材、金属、不锈钢、亚克力、石膏、树脂、陶瓷等材料，呈现出一种简洁、抽象、前卫、不受约束的感受（图8-56～图8-61）。

图8-56 现代风格装饰品一

图8-57 现代风格装饰品二

图8-58 现代风格装饰品三

图8-59 现代风格装饰品四

图8-60 现代风格装饰品五

图8-61 现代风格装饰品六

8.2.5 轻奢风格装饰品

轻奢风格装饰品代表一种低调奢华的生活格调，是将具有欧洲文化底蕴的饰品元素经过现代造型的演绎而形成的。高品质、有设计感、高雅精致是轻奢风格装饰品的代名词。材质常用金属、不锈钢、镜面、水晶、玻璃、石材、陶瓷、漆面等，质感多呈现反射的、光滑的界面。色彩多为金色、黑色、古铜色、白色等（图8-62～图8-67）。

8.2.6 东南亚风格装饰品

东南亚风格装饰品具有浓郁的地域风情和东方文化特色，多采用木、藤编、竹或铜制金属、树脂等材质制作，很多都为纯手工制作，例如烛台、相框、花瓶、装饰盒、小雕塑、色织布等。这类装饰品色彩浓烈、古朴自然，色彩以古铜色、原木色、红色为主（图8-68～图8-72）。

图 8-62　轻奢风格装饰品一

图 8-63　轻奢风格装饰品二

图 8-64　轻奢风格装饰品三

图 8-65　轻奢风格装饰品四

图 8-66　轻奢风格装饰品五

图 8-67　轻奢风格装饰品六

图 8-68　东南亚风格装饰品一

图 8-69　东南亚风格装饰品二

图 8-70　东南亚风格装饰品三

图 8-71　东南亚风格装饰品四

图 8-72　东南亚风格装饰品五

8.3　室内软装饰设计案例展示

◎ 案例一　武汉·万达御湖一号样板间

该案例室内面积约 180 m²。平面改动方案如图 8-73 所示。

（1）客厅布局单椅，与脚踏对调位置，使过道更通畅，客厅感官视野上更大。

（2）餐厅 8 人位变 6 人位餐厅，满足一家人基本生活需求，同时使餐厅展示性空间更大、更协调。

（3）卧室变书房，针对目前改善型住宅的需求，响应当下的工作需求而设计书房。

（4）普通卧室变主题儿童房，主要针对视觉体验而设计。

业主情况如下。

男主人：41 岁，企业高管，经常参加科技学术研讨会，经常去国外出差，眼界开阔，喜欢用创意饰品摆件，向往雅致舒适的居住空间，生活品质高。

女主人：38 岁，企业主管，爱好国际象棋，热情乐观，对待细节一丝不苟，喜欢研究美食。

儿子：13 岁，学生，爱好探索科技，以后想当一个科学家。

色彩定位如图 8-74 所示。

色彩主色调以冷色调为基础，凸显使用者的时尚感与科技感的气质。背景色为米白色，前景色为灰蓝色，点缀色为金色。

整个方案采取轻奢风设计，创意主题将中国文化中的"鹤"作为主要元素，象征高雅、尊贵。文案不仅将文化内涵植入设计，还利用皮革、水晶、石材与丝绒面料等材料定制家具、饰品与画品，将传承的文化底蕴与时尚高雅的氛围相融合（图 8-75）。

元素定位如图 8-76 所示。

空间效果及软装陈设设计如图 8-77 ～图 8-87 所示。

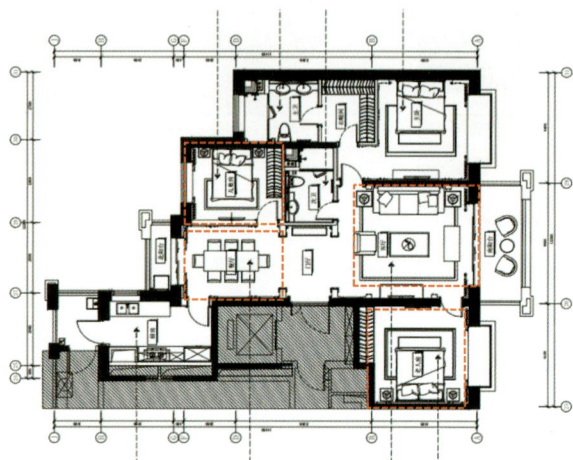

（a）原始户型平面　　　　　　　　　　　（b）优化后户型平面

图 8-73　平面改动方案

图 8-74　色彩定位

传承-创新

鹤元素的提取

鹤在中国文化中有崇高的地位，特别是丹顶鹤，它是长寿、吉祥和高雅的象征，常与神仙联系起来，又称为"仙鹤"

代表词：尊贵身份的象征、高雅

根据项目IP提取文化元素，结合项目地址武汉中央文化区的文化背景，软装样板房加入文化创意主题元素

图 8-75　风格定位

图 8-76　元素定位

图 8-77　客厅软装效果图

图 8-78　客厅实景照片

图 8-79　餐厅软装效果图

图 8-80　餐厅实景照片

图 8-81　主卧软装效果图

图 8-82　主卧实景照片

图 8-83　衣帽间软装效果图

图 8-84　衣帽间智能产品效果图

图 8-85　儿童房软装效果图

（a）侧面图　　　　　　　　　　　（b）正面图　　　　　　　　　（c）反面内部结构图

图 8-86　儿童房衣柜软装效果图

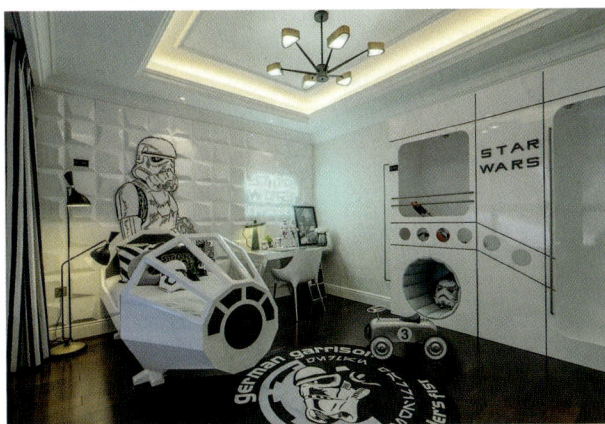

图 8-87　儿童房实景照片

◎ **案例二** 厦门湾悦城店珠宝门店

本案例地址在厦门，整个空间被简约通透的白色环绕，金色与白色碰撞搭配的极致精简风，整体形成视觉上的耀目感，让明亮的光线照耀爱的前路；而黑色与金色的魔力结合，更能彰显时尚与爱情，一个是最深沉的色调，一个是最华贵的光芒。正如婚戒设计中心所说："突破传统，开启婚戒美学全新定制体验，小众设计，致敬一生一世的爱情态度。"而本案设计师希望整个氛围留给体验者的感受是婚戒与爱，都在这里。（图 8-88 ～图 8-97 ）

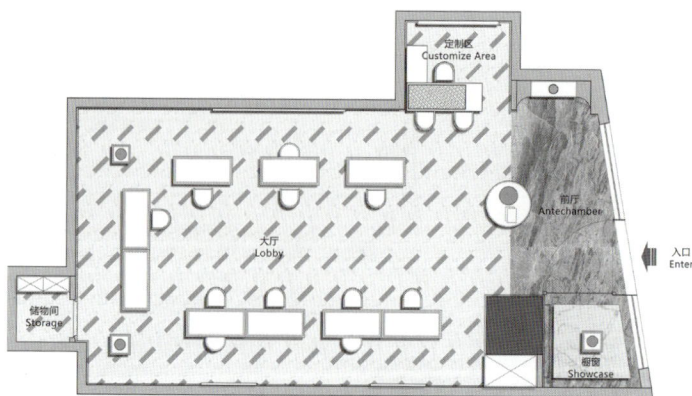

图 8-88　平面效果图

图 8-89　店面入口效果图

图 8-90　实景照片

图 8-91　室内效果图一

图 8-92　室内效果图二

图 8-93　室内效果图三

图 8-94　展示区图一

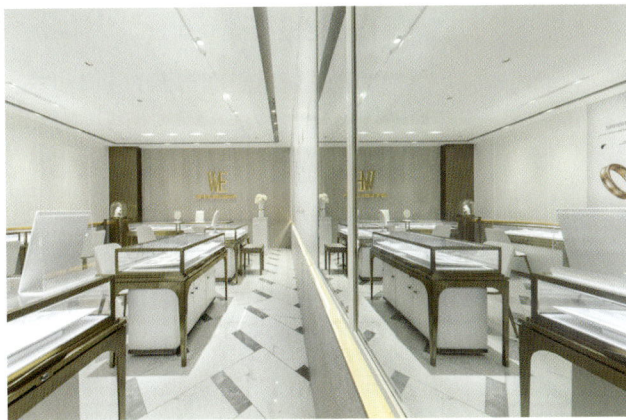
图 8-95　展示区图二

图 8-96 定制台照片

图 8-97 柜台细节照片

特别提示

居室内宜选择同种风格的装饰画，也可以偶尔使用一两幅风格截然不同的装饰画作点缀，但不可让人感觉眼花缭乱。如果装饰画特别显眼，风格十分明显，具有强烈的视觉冲击力，应考虑是否改变周围的陈设环境。

课后思考

（1）简述家具在室内装饰中的作用以及家具造型的一般规律。

（2）分析儿童家具设计要素、设计尺寸和注意事项。

（3）为25岁的男性业主（职业为动漫设计师）设计单身公寓的后期配饰。风格定位为现代前卫风格。

拓展训练

◎居住空间家具设计

1. 任务分析

家具是居室空间布置的主体。在某种意义上来说，居住空间设计就是家具布置的设计，家具对居室的美化装饰影响很大。所以，家具布置会影响居住空间的环境和生活质量。此拓展训练旨在使学生认识家具的重要作用，掌握合理的家具布置方法。

2. 任务概述

自选几套不同类型的居住空间建筑框架图，进行家具的布置。

3. 任务要求

在 A3 纸上绘制，图纸要完整（包括平面图、立面图和顶棚图），附不少于 300 字的设计说明。

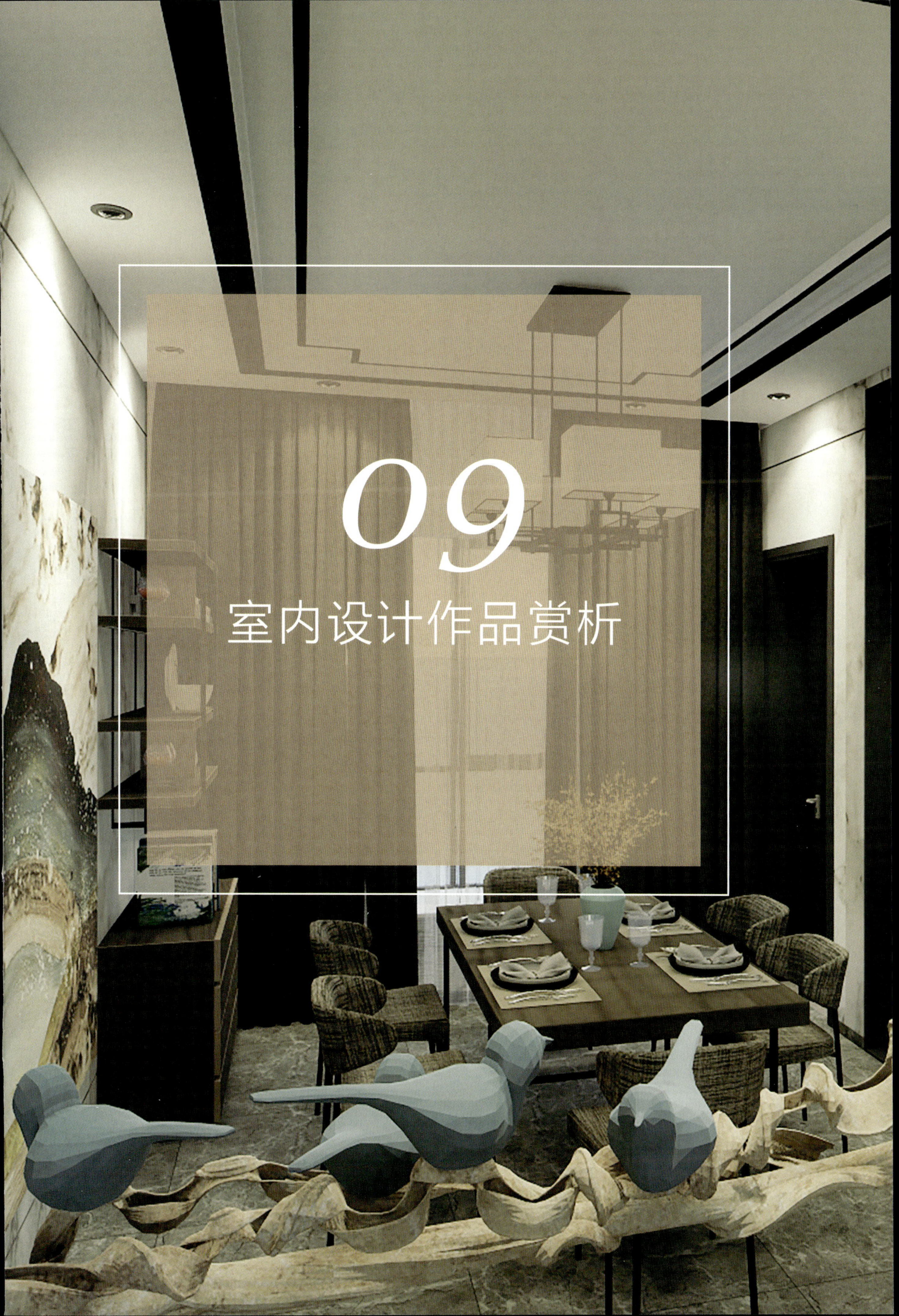

09 室内设计作品赏析

◎ 案例一　杭州富阳万达广场住宅 105 m² 样板间方案设计

设计说明：业主为三口之家，男主人 30 岁，IT 行业，高学历，喜欢航天，理性，喜欢极简生活方式，对未来世界充满想象。女主人 28 岁，摄影师，要求精致的生活氛围，喜欢旅行，爱看电影，喜欢黑白摄影作品。女儿 6 岁，性格活泼开朗，聪明伶俐，喜欢乐高模型（图 9-1、图 9-2）。

图 9-1　方案展示一

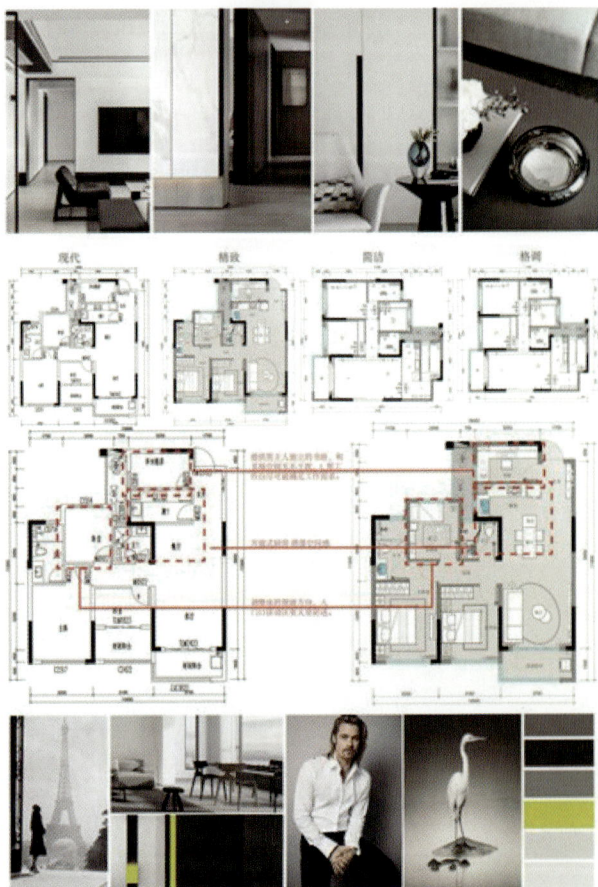

图 9-2　方案展示二

◎ 案例二　公共空间室内设计（作品入选 A'Design Award 国际设计大赛 2019—2020）

项目名称：御都贝勒爷·双层炭火铜锅

设计单位：美开空间 /LEO 设计事务所 / 陈锋锋

项目地点：福建福州

项目面积：220 m²

主要材料：藤编、木饰面、原木、水磨石、仿古肌理漆

本案例项目主题是炭火铜锅，定位为中式风格，既要在有限的空间内表现体量宏伟、外观壮丽、独尊的宏大气势，又要重视空间功能的实用性，考验设计师的深厚创作功力。

本案例将清代中式建筑风格引入空间内，营造红墙黄瓦的老北京日常生活气息。本案以中式典雅和华贵的朱砂、石黄、赭石、泥金、木原色为基础色调来打造新中式的气氛，除了保留中式韵味外，还增加了藤编、仿古砖等传统材料，使空间体现了古朴的生活气息。

光源上舍弃了旧中式的烛光环境，使用简洁的竹编灯具，中式元素在空间内显得明亮大方，充满禅意韵味。

在软装搭配上主要取材于自然，以实木为主。入门处玄关用镂空花雕做装饰，通过提炼清代中式园林设计思想，用现代的符号将清代园林的神韵体现出来。配饰的选择更为简洁，少了许多奢华的装饰，流畅地表达出传统文化的精髓。为了映衬主题，给环境增添几分暖意，饰以精巧的铜锅和雅致的中式建筑壁画，使整个居室在浓浓古韵中渗透了几许现代气息。

本案在点滴笔触之间透射出清新舒畅、写意柔和的自然视觉，紧扣主旋律，可谓符合清中式古典空间的现代经典体验（图 9-3、图 9-4）。

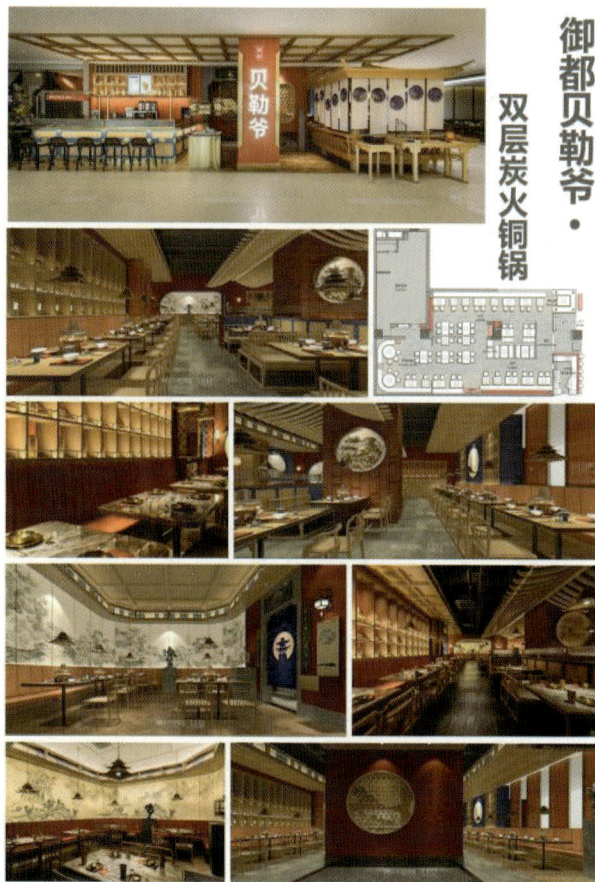

御都贝勒爷·双层炭火铜锅

图 9-3　方案展示一

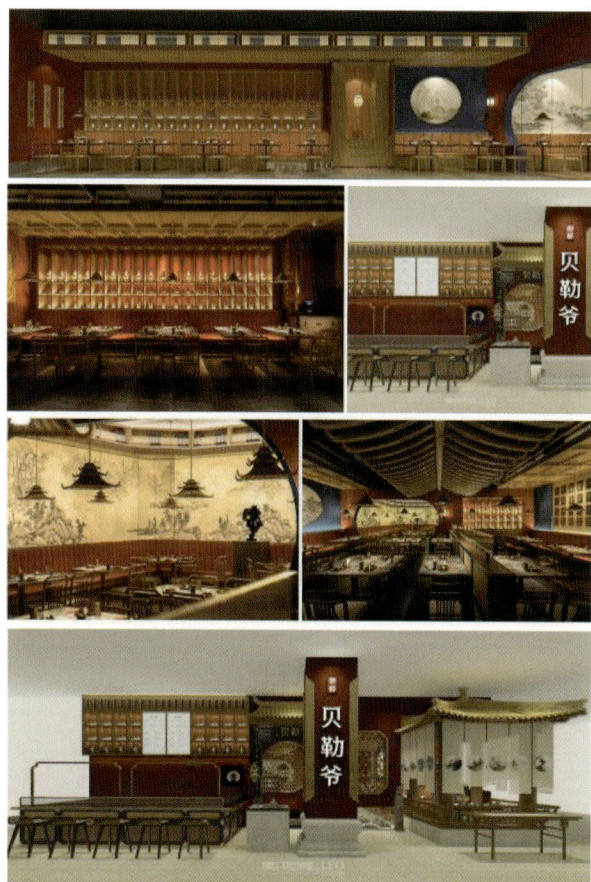

图 9-4　方案展示二

◎ 学生作品展示与欣赏

设计作品一

本方案为一家三口而设计,男主人是设计师,对审美有着较高要求,平时喜欢健身和足球。女主人是一位品酒师,有独特的鉴赏品位。儿子13岁,上初中,爱好摄影。设计整体采用现代风格,在整体的黑白灰主调基础上点缀黄色的装饰色,烘托出一种时尚、低调且温暖的生活氛围(图9-5)。

图9-5 学生作品展示一

设计作品二

本方案为一家四口而设计，为一套三室一厅两卫一厨的住宅，室内使用面积为 96.72 m²。设计强调创新、独立、开放。

人物说明：男主人为建筑设计师，喜欢健身。女主人为网店老板，喜欢烹饪，儿子和女儿均为高三学生，都喜欢唱歌。

色调分析：整体色调以黄灰调为主，以简洁明快的设计风格为主，家具以轻奢风格为主。

材质分析：均以灰色大理石瓷砖进行地面铺装，卧室墙面为灰绿调墙布铺装，饰品与部分家具为金属材质，客厅内沙发为皮质（图 9-6）。

● 平面图分析 / Plane analysis chart

● 平面布置图　● 开关控制图　● 地面布置图　● 灯具布置图

● 效果图 / Effect picture

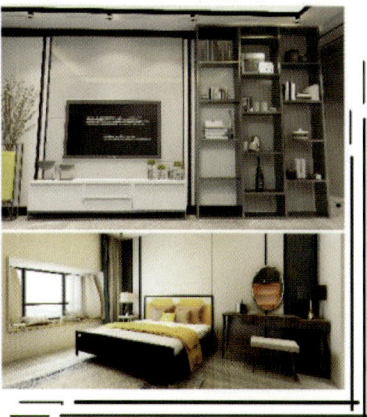

图 9-6　学生作品展示二

设计作品三

本方案为一家三口而设计，男主人为广告设计师，女主人为时尚杂志编辑，两人年龄在 35 至 40 岁之间。女儿 5 岁，爱好跳芭蕾舞。

（1）整体设计采用现代极简的风格，这种风格可以让整屋更加有空间感和质感。

（2）客厅里的玩偶呼应整体色调，增添趣味性，也是符合流行时尚的元素。

（3）主卧衣帽间设计考虑到业主对职业时装的需求。主卧的连体书桌设计给了业主独立办公的空间。卧室的走廊设计使主卧有更好的私密性。走廊尽头墙面设计的一扇窗解决了走廊采光问题。

（4）书房设计成榻榻米，可以储物，临时来客也可作为卧室使用。墙面设计了一块通体长镜，满足小女孩练舞需求。整个房间可以兼作书房、客房、练舞房（图 9-7）。

图 9-7 学生作品展示三

请完成以下室内空间的设计方案，如图 9-8 所示。

（1）满足空间的基本使用功能需求。

（2）空间布置应符合人体工程学使用尺寸。

（3）满足流畅的交通流线、消防流线。

（4）人物设定参考学生作品三。

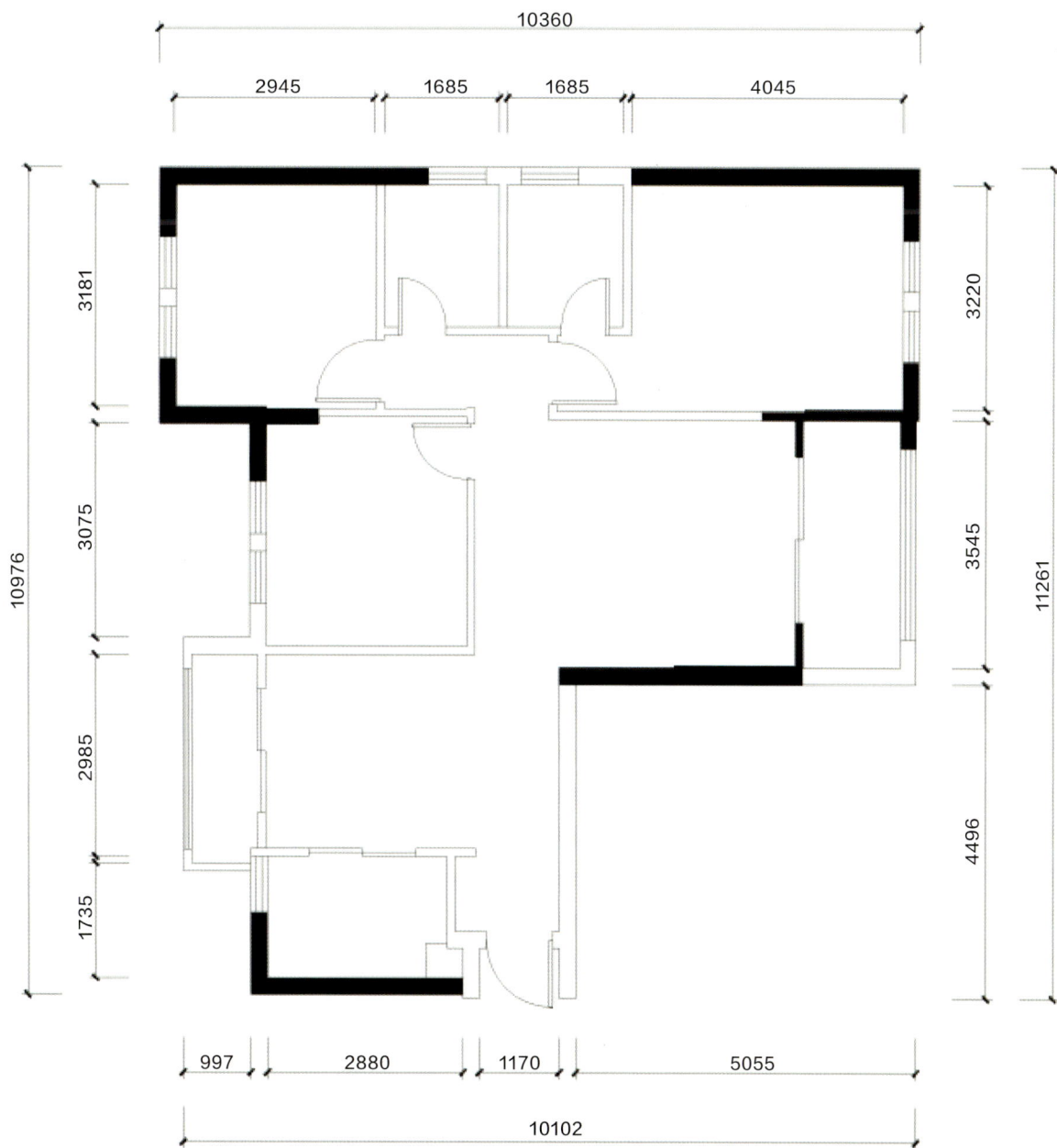

图 9-8　原始建筑平面图

参 考 文 献

[1] 郑曙炀 . 室内设计程序 [M]. 北京：中国建筑工业出版社，2005.

[2] 刘超英 . 家装设计攻略：家装设计师核心能力解密 [M]. 北京：中国电力出版社，2007.

[3] 张绮曼 . 室内设计的风格样式与流派 [M]. 北京：中国建筑工业出版社，2006.

[4] 李朝阳 . 室内空间设计 [M]. 北京：中国建筑工业出版社，2005.

[5] 陈红，米琪 . 设计色彩 [M]. 北京：中国水利水电出版社，2007.

[6] 潘谷西 . 中国建筑史 [M].5 版 . 北京：中国建筑工业出版社，2004.

[7] 张新荣 . 建筑装饰简史 [M]. 北京：中国建筑工业出版社，2000.

[8] 王受之 . 世界现代建筑史 [M]. 北京：中国建筑工业出版社，1999.

[9] 张绮曼，郑曙旸 . 室内设计资料集 [M]. 北京：中国建筑工业出版社，1991.

[10] 黄凯，王芳 . 室内设计与应用 [M]. 合肥：合肥工业大学出版社，2009.

[11] 来增祥，陆震纬 . 室内设计原理（上）[M].2 版 . 北京：中国建筑工业出版社，2006.

[12] 来增祥，陆震纬 . 室内设计原理（下）[M].2 版 . 北京：中国建筑工业出版社，2006.

[13] 陈易 . 建筑室内设计 [M]. 上海：同济大学出版社，2001.

[14] 麦克阿德 . 室内设计风格之简约主义 [M]. 杨玮娣，译 . 北京：中国轻工业出版社，2002.

[15] 董万里，段红波，包青林 . 环境艺术设计原理 [M].2 版 . 重庆：重庆大学出版社，2010.

[16] 朱钟炎，王耀仁，王邦雄，等 . 室内环境设计原理 [M]. 上海：同济大学出版社，2004.

[17] 范涛，李跃红 . 平面构成 [M]. 北京：大象出版社，2007.

[18] 李芬，钱海月 . 平面构成 [M]. 重庆：重庆大学出版社，2007.

[19] 孔繁昌 . 色彩构成 [M]. 广州：广东高等教育出版社，2006.

[20] 常红兵，李凯洲 . 立体构成 [M]. 北京：大象出版社，2007.

[21] 刘旭 . 图解室内设计分析 [M].2 版 . 北京：中国建筑工业出版社，2016.

[22] 汤戈兹 . 英国室内设计基础教程 [M]. 杨敏燕，译 . 上海：上海人民美术出版社，2006.

[23] 尼尔森，泰勒 . 美国大学室内装饰设计教程 [M]. 徐军华，熊佑忠，译 . 上海：上海人民美术出版社，2008.

[24] 田鲁主 . 光环境设计 [M].2 版 . 长沙：湖南大学出版社，2010.

[25] 吴蒙友 . 建筑室内灯光环境设计 [M]. 北京：中国建筑工业出版社，2007.

[26] 上海家具研究所 . 家具设计手册 [M]. 北京：中国轻工业出版社，1989.

[27] 李文彬 . 建筑室内与家具设计 人体工程学 [M].3 版 . 北京：中国林业出版社，2012.

[28] 孙亮 . 乐从杯家具设计大奖获奖作品集 [M]. 北京：中国林业出版社，2002.

[29] 文健 . 室内色彩、家具与陈设设计 [M]. 北京：清华大学出版社，北京交通大学出版社，2007.

[30] 郑孝东 . 手绘与室内设计 [M]. 海口：南海出版公司，2004.

[31] 福多佳子 . 照明设计 [M]. 朱波，等，译 . 北京：中国青年出版社，2015.

[32] 伦格尔 . 室内设计与表现 [M]. 陈刚，等，译 . 北京：中国青年出版社，2014.

[33] 彭一刚 . 建筑空间组合论 [M].3 版 . 北京：中国工业建筑出版社，2008.